消防工程便携手册系列

注册消防工程师便携手册

主　编　郭树林　张　亮
副主编　郝广雨
参　编　桓晓东　郭盈水　张　丹

机械工业出版社

本书实用性和针对性强、易学易懂、携带方便。主要包括建筑防火、石油化工防火、城市交通防火、库房防火、重要机构防火、古建筑防火和人民防空工程防火几方面内容。本套丛书包括《消防监督员便携手册》《消防设施操作员便携手册》和《注册消防工程师便携手册》，是目前国内完整、系统的注册消防工程师从业人员参考书，填补了行业空白，对于提高注册消防从业人员技术水平具有积极指导作用，对于推动法治消防建设具有重要的现实意义。

本书可供建筑消防设施施工、检查、维护人员等学习使用，也可用作高等院校建筑消防工程专业的教材。

图书在版编目（CIP）数据

注册消防工程师便携手册/郭树林，张亮主编. —北京：机械工业出版社，2023.4

（消防工程便携手册系列）

ISBN 978-7-111-73074-3

Ⅰ.①注… Ⅱ.①郭… ②张… Ⅲ.①消防-安全技术-资格考试-自学参考资料 Ⅳ.①TU998.1

中国国家版本馆 CIP 数据核字（2023）第 073326 号

机械工业出版社（北京市百万庄大街 22 号 邮政编码 100037）

策划编辑：闫云霞　　责任编辑：闫云霞　关正美

责任校对：韩佳欣　李宣敏　　封面设计：张　静

责任印制：郜　敏

中煤（北京）印务有限公司印刷

2023 年 7 月第 1 版第 1 次印刷

130mm×184mm · 7.5 印张 · 233 千字

标准书号：ISBN 978-7-111-73074-3

定价：29.00 元

电话服务　　网络服务

客服电话：010-88361066　　机　工　官　网：www.cmpbook.com

010-88379833　　机　工　官　博：weibo.com/cmp1952

010-68326294　　金　书　网：www.golden-book.com

机工教育服务网：www.cmpedu.com

前　言

消防工程师是指从事消防技术咨询、消防安全评估、消防安全管理、消防安全技术培训、消防设施检测、火灾事故技术分析、消防设施维护、消防安全监测、消防安全检查等消防安全技术工作的专业技术人员。随着消防领域新政策的出台，并经过七年的注册消防工程师考试，报考人数也在不断增加，消防工程师考试通过后，获得消防工程师资格，注册成为注册消防工程师后可以被指派为消防项目经理，参加工作后，就需要有这样一本速查速用手册，以便工作需要。

消防工程师的主要职责有：消防系统每年定期进行消防安全和电气安全检测；消防灭火器年检和更换充装；火灾探测器定期清洗和测试；消防报警广播系统测试和维护；消防应急演习组织策划及演练；消防管理档案创建完善；协助政府机构及上级部门进行消防检查及业务沟通；消防设施器材使用、消防常识及火灾应急处理教育培训。

结合我国近几年来各种消防安全管理等方面的经验，且遵循“预防为主，防消结合”的消防工作方针，以培养更多的掌握建筑消防安全知识的人才，为此我们编写了本套丛书。

本套丛书以现行标准、规范为依据，具有很强的针对性和适用性。理论与实践相结合，更注重实践经验的运用；结构体系上重点突出、详略得当。

本套丛书在编写过程中参阅和借鉴了许多优秀书籍、图集，在此对其作者一并致谢。由于作者水平有限，尽管尽心尽力，反复推敲，仍难免存在疏漏或未尽之处，恳请各位读者提出宝贵意见并予以批评指正。

编　者

目　录

1 建筑防火

（1）建筑分类与耐火等级

建筑分类与耐火等级

◆建筑按使用性质分类

→民用建筑：

① 居住建筑，供人们居住使用的建筑，如住宅、公寓、宿舍等。

② 公共建筑，供人们进行各种公共活动的建筑，包括生活服务性建筑、文教建筑、托幼建筑、办公科研建筑、医疗建筑、商业金融建筑、交通建筑、广播电视建筑、体育建筑、观演建筑、展览建筑、旅馆建筑、园林建筑和纪念性建筑等。

→工业建筑：

工业建筑是工业性生产为主要功能的建筑和储存各类物质的建筑，包括厂房和仓储设施，如各类生产厂房、库房、筒仓、储罐、生产装置等。

筒仓

（续）

建筑分类与耐火等级	◆建筑按结构类型分类 →砖木结构： 建筑的主要承重构件采用砖、木制作，其竖向承重构件采用砖砌，水平承重构件采用木材，一般用于1~3层的房屋。 →砌体结构： 建筑的竖向承重构件采用砖墙或砖柱等砌体构筑，一般用于楼层较低的建筑。 →钢筋混凝土结构： 建筑的主要承重构件采用现浇或预制装配式钢筋混凝土构件，多用于大空间的单层建筑和多、高层建筑。 →钢结构： 建筑的主要承重构件由钢材制成。这类结构多用于大跨度民用建筑、超高层建筑和单、多层工业建筑。 →木结构： 建筑的结构体系主要采用木材，有普通木结构、承重木结构、胶合木结构和轻型木结构之分，一般用于1~6层的房屋，国家标准《建筑设计防火规范》（GB 50016—2014）（2018年版）规定木结构建筑不应超过3层。 →混合结构： 建筑的竖向承重构件采用砖墙或砖柱，水平承重构件采用钢筋混凝土楼板或钢结构楼板，或上部楼层与下部楼层分别采用不同的结构体系。砖混结构是我国目前广泛存在的一种结构形式，一般用于1~6层的房屋。

（续）

建筑分类与耐火等级

木结构

◆建筑按层数或高度分类

→单层建筑：

只有一层的建筑，建筑高度不限。

→多层建筑：

2 层及以上且民用建筑的建筑高度≤24m，住宅建筑的建筑高度≤27m 的建筑。

→高层建筑：

建筑高度>27m 的住宅建筑和建筑高度>24m 的其他多层建筑。

→地下、半地下建筑：

设置在地坪以下，房间地面低于室外设计地面的平均高度大于房间平均净高 1/3 的建筑。

◆建筑按耐火等级分类

→建筑的耐火等级是衡量其耐火程度高低的标准，由其构件或结构的燃烧性能和耐火极限确定。

→根据国家标准《建筑设计防火规范》（GB 50016—2014）（2018 年版），建筑按其耐火等级可分为一、二、三、四级和木结构。

（续）

建筑分类与耐火等级	**◆建筑高度的计算方法** →建筑屋面为坡屋面时（坡屋面坡度应不小于3%，否则按平屋面处理），建筑高度应为建筑室外设计地面至其檐口与屋脊的平均高度。 →建筑屋面为平屋面（包括有女儿墙的平屋面）时，建筑高度应为建筑室外设计地面至其屋面面层的高度。 →同一座建筑有多种形式的屋面时，建筑高度按上述方法分别计算后，取其中最大值。 →对于台阶式地坪，当位于不同高程地坪上的同一建筑之间有防火墙分隔，各自有符合规范规定的安全出口，且可沿建筑的两个长边设置贯通式或尽头式消防车道时，可分别计算各自的建筑高度。否则，应按其中建筑高度最大者确定该建筑的建筑高度。 →局部凸出屋顶的瞭望塔、冷却塔、水箱间、微波天线间或设施、电梯机房、排风和排烟机房以及楼梯出口小间等辅助用房占屋面面积不大于1/4者，可不计入建筑高度。 →对于住宅建筑，设置在底部且室内高度不大于2.2m的自行车库、储藏室、敞开空间，室内外高差或建筑的地下或半地下室的顶板面高出室外设计地面的高度不大于1.5m的部分，可不计入建筑高度。 **◆建筑层数的计算方法** →建筑层数应按建筑的自然层数计算。 →可不计入建筑层数的空间： ① 室内顶板面高出室外设计地面的高度不大于1.5m的地下或半地下室。 ② 设置在建筑底部且室内高度不大于2.2m的自行车库、储藏室、敞开空间。

（续）

建筑分类与耐火等级

◆建筑材料及制品的燃烧性

→A：不燃材料（制品）。

→B_1：难燃材料（制品）。

→B_2：可燃材料（制品）。

→B_3：易燃材料（制品）。

◆建筑材料及制品燃烧性能等级判据的主要参数

→材料。材料是指单一物质或均匀分布的混合物，如金属、石材、木材、混凝土、矿纤、聚合物。

→燃烧滴落物/微粒。在燃烧试验过程中，从试样上分离的物质或微粒。

→临界热辐射通量。火焰熄灭处的热辐射通量或试验 30min 时火焰传播到最远处的热辐射通量。

→燃烧增长速率指数（FIGRA）。试样燃烧的热释放速率值与其对应时间比值的最大值，用于燃烧性能分级。FIGRA0.2MJ 是指当试样燃烧释放热量达到 0.2MJ 时的燃烧增长速率指数。FIGRA0.4MJ 是指当试样燃烧释放热量达到 0.4MJ 时的燃烧增长速率指数。

→THR600s。试验开始后 600s 内试样的热释放总量（MJ）。

◆建筑构件的燃烧性能

→取决于组成建筑构件材料的燃烧性能。

→某些材料的燃烧性能因已有共识而无须进行检测，如钢材、混凝土、石膏等。

→有些材料，特别是一些新型建材，则需要通过试验来确定其燃烧性能。

（续）

建筑分类与耐火等级	◆建筑构件按燃烧性能分类 →不燃性构件： ① 用不燃烧材料做成的构件。 ② 是指在空气中受到火烧或高温作用时不起火、不微燃、不炭化的材料。 →难燃性构件： ① 凡用难燃烧性材料做成的构件，或用燃烧性材料做成而用非燃烧性材料做保护层的构件。 ② 是指在空气中受到火烧或高温作用时难起火、难微燃、难炭化，当火源移走后燃烧或微燃立即停止的材料。 ③ 沥青混凝土、经阻燃处理后的木材、塑料、水泥刨花板、板条抹灰墙等。 →可燃性构件： ① 凡用燃烧性材料做成的构件。 ② 是指在空气中受到火烧或高温作用时立即起火或微燃，且火源移走后仍继续燃烧或微燃的材料。 ③ 木材、竹子、刨花板、宝丽板、塑料等。 ◆耐火极限的概念 →是指在标准耐火试验条件下，建筑构件、配件或结构从受到火的作用时起，至失去承载能力、完整性或隔热性时止所用时间，用小时（h）表示。 →承载能力是指在标准耐火试验条件下，承重或非承重建筑构件在一定时间内抵抗垮塌的能力。 →耐火完整性是指在标准耐火试验条件下，当建筑分隔构件某一面受火时，能在一定时间内防止火焰和热气穿透或在背火面出现火焰的能力。 →耐火隔热性是指在标准耐火试验条件下，当建筑分隔构件某一面受火时，能在一定时间内其背火面温度不超过规定值的能力。

（续）

建筑分类与耐火等级	◆**影响耐火极限的要素** →材料本身的属性： ① 影响点燃和轰燃的速度。 ② 造成火焰的连续蔓延。 ③ 助长了火灾的热温度。 ④ 产生浓烟及有毒气体。 →建筑构配件结构特性：构配件的受力特性决定其结构特性（如梁和柱）。 →材料与结构间的构造方式：取决于材料自身的属性和基材的结构特性，即使采用品质优良的材料，构造方式不恰当也同样难以起到应有的防火作用。 →标准所规定的试验条件：标准规定的耐火性能试验与所选择的执行标准有关，其中包括试件养护条件、使用场合、升温条件、试验炉压力条件、受力情况、判定指标等。 →材料的老化性能：各种构配件能否持久地发挥作用则取决于所使用的材料是否具有良好的耐久性和较长的使用寿命。 →火灾种类和使用环境要求：由不同的火灾种类得出的构配件耐火极限是不同的。 ◆**建筑耐火等级的确定** →建筑耐火等级是由组成建筑物的墙、柱、楼板、屋顶承重构件和吊顶等主要构件的燃烧性能和耐火极限决定的，共分为四级。 →耐火等级为一级的建筑物楼板的耐火极限定为 1.50h，二级建筑物楼板的耐火极限定为 1.00h，以下级别的则相应降低要求。 →其他结构构件按照在结构中所起的作用以及耐火等级的要求而确定相应的耐火极限时间，如对于在建筑中起主要支撑作用的柱子，其耐火极限值要求相对较高，一级耐火等级的建筑要求 3.00h，二级耐火等级的建筑要求 2.50h。

（续）

建筑分类与耐火等级	◆**厂房和仓库建筑构件的燃烧性能和耐火极限** →防火墙：一级：不燃性 3.00；二级：不燃性 3.00；三级：不燃性 3.00；四级：不燃性 3.00。 →承重墙：一级：不燃性 3.00；二级：不燃性 2.50；三级：不燃性 2.00；四级：难燃性 0.50。 →楼梯间、前室的墙、电梯井的墙：一级：不燃性 2.00；二级：不燃性 2.50；三级：不燃性 1.50；四级：难燃性 0.50。 →疏散走道两侧的隔墙：一级：不燃性 1.00；二级：不燃性 1.00；三级：不燃性 0.50；四级：难燃性 0.25。 →非承重外墙、房间隔墙：一级：不燃性 0.75；二级：不燃性 0.50；三级：难燃性 0.50；四级：难燃性 0.25。 →柱：一级：不燃性 3.00；二级：不燃性 2.50；三级：不燃性 2.00；四级：难燃性 0.50。 →梁：一级：不燃性 2.00；二级：不燃性 1.50；三级：不燃性 1.00；四级：难燃性 0.50。 →楼板：一级：不燃性 1.50；二级：不燃性 1.00；三级：不燃性 0.75；四级：难燃性 0.50。 →屋顶承重构件：一级：不燃性 1.50；二级：不燃性 1.00；三级：难燃性 0.50；四级：可燃性。 →疏散楼梯：一级：不燃性 1.50；二级：不燃性 1.00；三级：不燃性 0.75；四级：可燃性。 →吊顶（包括吊顶格栅）：一级：不燃性 0.25；二级：难燃性 0.25；三级：难燃性 0.15；四级：可燃性。 →二级耐火建筑内采用不燃材料的吊顶，其耐火极限不限。

（续）

建筑分类与耐火等级	◆**部分厂房（仓库）的耐火等级要求** →高层厂房：最低耐火等级为二级。 →甲、乙类厂房：最低耐火等级为二级；建筑面积不大于 300m² 的独立甲、乙类单层厂房可采用三级耐火极限建筑。 →使用或产生丙类液体的厂房和有火花、赤热表面、明火的丁类厂房：最低耐火等级为二级；当为建筑面积不大于 500m² 的单层丙类厂房或建筑面积不大于 1000m² 的单层丁类厂房时，可采用三级耐火等级的建筑。 →使用或储存特殊贵重的机器、仪表、仪器等设备或物品的建筑：最低耐火等级为二级。 →锅炉房：最低耐火等级为二级；当为燃煤锅炉房且锅炉的总蒸发量不大于 4t/h 时，可采用三级耐火等级的建筑。 →油浸变压器室、高压配电装置室：最低耐火等级为二级；其他防火设计应符合《火力发电厂与变电站设计防火标准》（GB 50229—2019）等标准的规定。 →高架仓库、高层仓库、甲类仓库、多层乙类仓库、储存可燃液体的多层丙类仓库：最低耐火等级为二级。 →粮食筒仓：最低耐火等级为二级；二级耐火等级时可采用钢板仓。 →散装粮食平房仓：最低耐火等级为二级；二级耐火等级时可采用无防火保护的金属承重构件。 →单、多层丙类厂房和多层丁、戊类厂房：最低耐火等级为三级。 →单层乙类仓库，单层丙类仓库，储存可燃固体的多层丙类仓库和多层丁、戊类仓库：最低耐火等级为三级。 →粮食平房仓：最低耐火等级为三级。

（续）

建筑分类与耐火等级	◆部分建筑构件的特殊要求 →甲、乙类厂房和甲、乙、丙类仓库内的防火墙，其耐火极限不应低于4.00h。 →一、二级耐火等级单层厂房（仓库）的柱，其耐火极限分别不应低于2.50h和2.00h。 →采用自动喷水灭火系统全保护的一级耐火等级单、多层厂房（仓库）的屋顶承重构件，其耐火极限不应低于1.00h。 →除甲、乙类仓库和高层仓库外，一、二级耐火等级建筑的非承重外墙，当采用不燃性墙体时，其耐火极限不应低于0.25h；当采用难燃性墙体时，不应低于0.50h。4层及4层以下的一、二级耐火等级丁、戊类地上厂房（仓库）的非承重外墙，当采用不燃性墙体时，其耐火极限不限。 →二级耐火等级厂房（仓库）内的房间隔墙，当采用难燃性墙体时，其耐火极限应提高0.25h。 →二级耐火等级多层厂房和多层仓库内采用预应力钢筋混凝土的楼板，其耐火极限不应低于0.75h。 →一、二级耐火等级厂房（仓库）的上人平屋顶，其屋面板的耐火极限分别不应低于1.50h和1.00h。 →一、二级耐火等级厂房（仓库）的屋面板应采用不燃材料，如钢筋混凝土屋面板或其他不燃屋面板。 →建筑中的非承重外墙、房间隔墙和屋面板，当确需采用金属夹芯板材时，其芯材应为不燃材料，且耐火极限应符合《建筑设计防火规范》（GB 50016—2014）（2018年版）的有关规定。 →除另有规定外，以木柱承重且墙体采用不燃材料的厂房（仓库），其耐火等级可按四级确定。 →预制钢筋混凝土构件的节点外露部位，应采取防火保护措施，且节点的耐火极限不应低于相应构件的耐火极限。

（续）

建筑分类与耐火等级	◆**民用建筑耐火等级的一般规定** →防火墙：一级：不燃性3.00；二级：不燃性3.00；三级：不燃性3.00；四级：不燃性3.00。 →承重墙：一级：不燃性3.00；二级：不燃性2.50；三级：不燃性2.00；四级：难燃性0.50。 →非承重外墙：一级：不燃性1.00；二级：不燃性1.00；三级：不燃性0.50；四级：可燃性。 →楼梯间和前室的墙、电梯井的墙，住宅建筑单元之间的墙和分户墙：一级：不燃性2.00；二级：不燃性2.00；三级：不燃性1.50；四级：难燃性0.50。 →疏散走道两侧的隔墙：一级：不燃性1.00；二级：不燃性1.00；三级：不燃性0.50；四级：难燃性0.25。 →房间隔墙：一级：不燃性0.75；二级：不燃性0.50；三级：难燃性0.50；四级：难燃性0.25。 →柱：一级：不燃性3.00；二级：不燃性2.50；三级：不燃性2.00；四级：难燃性0.50。 →梁：一级：不燃性2.00；二级：不燃性1.50；三级：不燃性1.00；四级：难燃性0.50。 →楼板：一级：不燃性1.50；二级：不燃性1.00；三级：不燃性0.50；四级：可燃性。 →屋顶承重构件：一级：不燃性1.50；二级：不燃性1.00；三级：可燃性0.50；四级：可燃性。 →疏散楼梯：一级：不燃性1.50；二级：不燃性1.00；三级：不燃性0.50；四级：可燃性。 →吊顶（包括吊顶格栅）：一级：不燃性0.25；二级：难燃性0.25；三级：难燃性0.15；四级：可燃性。 →除另有规定外，以木柱承重且墙体采用不燃材料的建筑，其耐火等级应按四级确定。 →住宅建筑构件的耐火极限和燃烧性能可按《住宅建筑规范》（GB 50368—2005）的规定执行。

（续）

建筑分类与耐火等级

◆民用建筑耐火等级的特殊规定

- →地下或半地下建筑（室）和一类高层建筑的耐火等级不应低于一级
- →单、多层重要公共建筑和二类高层建筑的耐火等级不应低于二级。
- →除木结构建筑外，老年人照料设施的耐火等级不应低于三级。
- →裙房的耐火等级应与高层建筑主体一致。

◆部分建筑构件的特殊要求

- →建筑高度大于 100m 的民用建筑，其楼板的耐火极限不应低于 2.00h。
- →一、二级耐火等级建筑的上人平屋顶，其屋面板的耐火极限分别不应低于 1.50h 和 1.00h。
- →对于一、二级耐火等级建筑物的上人屋面板，耐火极限应与相应耐火等级建筑楼板的耐火极限一致。
- →一、二级耐火等级建筑的屋面板应采用不燃材料。
- →二级耐火等级建筑内采用难燃性墙体的房间隔墙，其耐火极限不应低于 0.75h；当房间的建筑面积不大于 $100m^2$ 时，房间隔墙可采用耐火极限不低于 0.50h 的难燃性墙体或耐火极限不低于 0.30h 的不燃性墙体。
- →建筑中的非承重外墙、房间隔墙和屋面板，当确需采用金属夹芯板材时，其芯材应为不燃材料，且耐火极限应符合《建筑设计防火规范》（GB 50016—2014）（2018 年版）有关规定。
- →二级耐火等级建筑内采用不燃材料的吊顶，其耐火极限不限。
- →建筑内预制钢筋混凝土构件的节点外露部位，应采取防火保护措施，且节点的耐火极限不应低于相应构件的耐火极限。
- →建筑内预制钢筋混凝土构件的节点外露部位，应采取防火保护措施，且节点的耐火极限不应低于相应构件的耐火极限。

（续）

建筑分类与耐火等级	
	◆建筑钢结构构件的设计耐火极限 →柱间支撑的设计耐火极限应与柱相同，楼盖支撑的设计耐火极限应与梁相同，屋盖支撑和系杆的耐火极限应与屋顶承重构件相同。 →钢结构节点的耐火性能及防火保护要求均不应低于被连接构件中要求最高者。 **◆钢结构的防火保护措施** →外包防火材料是绝大部分钢结构工程采用的防火保护方法。 →根据钢结构的结构类型、使用环境等因素，可选择采用其中的一种或几种的复（组）合。 →防火保护措施及防火材料的性能要求、设计指标包括防火保护层的等效热阻、防火保护材料的等效热传导系数、防火保护层的厚度、防火保护的构造等。 →防火保护层的厚度应通过构件耐火验算确定。钢结构节点处防火涂层的厚度不应小于所连接构件防火涂层的最大厚度。 →其他防火保护措施主要有安装自动喷水灭火系统（水冷却法）、采用单面屏蔽法和在钢柱中充水等。 **◆木结构建筑构件的燃烧性能和耐火极限** →木结构建筑的耐火等级介于三级和四级之间。 →防火墙的燃烧性能和耐火极限：不燃性 3.00。 →承重墙、住宅建筑单元之间的墙和分户墙、楼梯间墙的燃烧性能和耐火极限：难燃性 1.00。 →电梯井墙的燃烧性能和耐火极限：不燃性 1.00。 →非承重外墙、疏散走道两侧的隔墙的燃烧性能和耐火极限：难燃性 0.75。 →房间隔墙的燃烧性能和耐火极限：难燃性 0.50。 →承重柱墙的燃烧性能和耐火极限：可燃性 1.00。

（续）

建筑分类与耐火等级	→梁的燃烧性能和耐火极限：可燃性 1.00。 →楼板墙的燃烧性能和耐火极限：难燃性 0.75。 →屋顶承重构件墙的燃烧性能和耐火极限：可燃性 0.50。 →疏散楼梯墙的燃烧性能和耐火极限：难燃性 0.50。 →吊顶墙的燃烧性能和耐火极限：难燃性 0.15。 **◆木骨架组合墙体的燃烧性能和耐火极限** →非承重外墙： ① 一级：不允许。 ② 二级：难燃性 1.25。 ③ 三级：难燃性 0.75。 ④ 木结构建筑：难燃性 0.75。 ⑤ 四级：无要求。 →房间隔墙： ① 一级：难燃性 1.00。 ② 二级：难燃性 0.75。 ③ 三级：难燃性 0.50。 ④ 木结构建筑：难燃性 0.50。 ⑤ 四级：难燃性 0.25。 **◆建筑层数的检查** →按照建筑的自然层数确定。 →可不计入建筑层数的情况： ① 室内顶板面高出室外设计地面的高度不大于 1.5m 的地下或半地下室。 ② 设置在建筑底部且室内高度不大于 2.2m 的自行车库、储藏室、敞开空间。 ③ 建筑屋顶上凸出的局部设备用房、出屋面的楼梯间等。

（续）

建筑分类与耐火等级	◆**生产的火灾危险性的检查** →同一座厂房或厂房的任一防火分区内有不同火灾危险性生产时，厂房或防火分区内的生产火灾危险性类别按火灾危险性较大的部分确定；当生产过程中使用或产生易燃、可燃物的量较少，不足以构成爆炸或火灾危险时，按实际情况确定。 →火灾危险性较大的生产部分占本层或本防火分区建筑面积的比例小于5%，或丁、戊类厂房内的油漆工段占比小于10%，且发生火灾事故时不足以蔓延至其他部位或火灾危险性较大的生产部分采取了有效的防火措施时，按火灾危险性较小的部分确定。 →丁、戊类厂房内的油漆工段，当采用封闭喷漆工艺，封闭喷漆空间内保持负压、油漆工段设置可燃气体探测报警系统或自动抑爆系统，且油漆工段占所在防火分区建筑面积的比例不大于20%时，按照火灾危险性较小的部位确定。 ◆**储存物品的火灾危险性的检查** →同一座仓库或仓库的任一防火分区内储存不同火灾危险性物品时，仓库或防火分区的火灾危险性按火灾危险性最大的物品确定。 →对于丁、戊类仓库，除考虑所储存物品本身的燃烧性能外，还要考虑可燃包装的数量，在防火要求上要较丁、戊类仓库严格。 →丁、戊类仓库，当可燃包装重量大于物品本身重量1/4或者可燃包装（如泡沫塑料等）体积大于物品本身体积的1/2时，仓库的火灾危险性类别要相应提高，按照丙类确定。 ◆**民用建筑类别的检查** →民用建筑分为居住建筑和公共建筑两大类。其中，居住建筑包括住宅建筑、宿舍建筑等。在防火方面，除住宅建筑外，宿舍、公寓等非住宅类居住建筑的火灾危险性与公共建筑接近，防火要求按照公共建筑的有关规定执行。

（续）

建筑分类与耐火等级	→对于建筑高度大于 24m 的单层公共建筑，需要根据建筑各层的使用功能和建筑高度综合确定。 →如果遇到规范中未列举的建筑，需要根据建筑功能的具体情况，通过类比，确定建筑类别。 **◆汽车库、修车库、停车场的类别的检查** →类别是根据停车（车位）数量和总建筑面积确定的，分为Ⅰ、Ⅱ、Ⅲ、Ⅳ四类。 →屋面露天停车场与下部汽车库共用汽车坡道时，停车数量计算在汽车库的车辆总数内。 →室外坡道、屋面露天停车场的建筑面积可不计入汽车库的建筑面积。 →公交汽车库的建筑面积可按规定值增加 2 倍。 **◆建筑构件的燃烧性能和耐火极限的检查** →一级耐火等级建筑的主要构件都是不燃烧体。 →二级耐火等级建筑的主要构件，除吊顶为难燃烧体外，其余构件都要求是不燃烧体。 →三级耐火等级建筑的主要构件，除吊顶（包括吊顶格栅）和房间隔墙可采用难燃烧体外，其余构件都是不燃烧体。 →四级耐火等级建筑的主要构件，除防火墙需采用不燃烧体外，其余构件可采用难燃烧体或可燃烧体。 →一级耐火等级的单、多层厂房（仓库），当采用自动喷水灭火系统进行全保护时，其屋顶承重构件的耐火极限不应低于 1. 00h。 →对于厂房内虽设置了自动灭火系统，但对这些构件无保护作用时，屋顶承重构件的耐火极限不应低于 1. 50h。 →建筑内预制钢筋混凝土结构金属构件的节点和明露的钢结构承重构件部位，需要采取防火保护措施并保证节点的耐火极限不低于该节点部位连接构件中要求的耐火极限最高者。

（续）

建筑分类与耐火等级	→民用建筑的中庭和屋顶承重构件采用金属构件时，通过采取外包覆不燃材料、设置自动喷水灭火系统和喷涂防火涂料等措施，保证其耐火极限不低于耐火等级的要求。 →二级耐火等级的散装粮食平房仓可采用无防火保护的金属承重构件。 **◆厂房和仓库耐火等级与建筑分类的适应性的检查** →使用或储存特殊贵重的机器、仪表、仪器等设备或物品时，建筑耐火等级不应低于二级。 →高层厂房，甲、乙类厂房，使用或产生丙类液体的厂房和有火花、赤热表面、明火的丁类厂房，油浸变压器室、高压配电装置室，锅炉房，高架仓库、高层仓库、甲类仓库、多层乙类仓库和储存可燃液体的多层丙类仓库，粮食筒仓，其耐火等级不应低于二级。 →单、多层丙类厂房，多层丁、戊类厂房，单层乙类仓库，单层丙类仓库，储存可燃固体的多层丙类仓库和多层丁、戊类仓库，粮食平房仓，其耐火等级不应低于三级。 →建筑面积不大于300m² 的独立甲、乙类单层厂房，建筑面积不大于500m² 的单层丙类厂房或建筑面积不大于1000m² 的单层丁类厂房，锅炉的总蒸发量不大于4t/h 的燃煤锅炉房，可采用三级耐火等级的建筑。 **◆民用建筑耐火等级与建筑分类的适应性的检查** →地下或半地下建筑（室）和一类高层建筑的耐火等级不应低于一级。 →单、多层重要公共建筑和二类高层建筑的耐火等级不应低于二级。 →除木结构建筑外，老年人照料设施的耐火等级不应低于三级。

（续）

建筑分类与耐火等级

◆汽车库、修车库耐火等级与建筑分类的适应性的检查

→地下、半地下和高层汽车库，甲、乙类物品运输车的汽车库、修车库和Ⅰ类汽车库、修车库，耐火等级不应低于一级。

→Ⅱ、Ⅲ类汽车库、修车库的耐火等级不应低于二级。

→Ⅳ类汽车库、修车库的耐火等级不应低于三级。

◆厂房最多允许层数与耐火等级的适应性

→二级耐火等级的乙类厂房建筑层数最多为6层。

三级耐火等级的丙类厂房建筑层数最多为2层。

→三级耐火等级的丁、戊类厂房建筑层数最多为3层。

→甲类厂房和四级耐火等级的丁、戊类厂房只能为单层建筑。

◆仓库最多允许层数与耐火等级的适应性

→甲类仓库，三级耐火等级的乙类仓库，四级耐火等级的丁、戊类仓库，都只能为单层建筑。

→一、二级耐火等级的乙类易燃液体、固体、氧化剂仓库，三级耐火等级的丙类固体仓库和丁、戊类仓库建筑层数最多为3层。

→一、二级耐火等级的乙类易燃气体、助燃气体、氧化自燃物品和丙类液体仓库建筑层数最多为5层。

◆民用建筑最多允许层数与耐火等级的适应性

→对耐火等级为三级的建筑，其允许建筑层数最多为5层。

→对耐火等级为四级的建筑，其允许建筑层数最多为2层。

→商店建筑、展览建筑、托儿所、幼儿园的儿童用房和儿童游乐厅等儿童活动场所、医院和疗养院的住院部分、教学建筑、食堂、菜市场、剧场、电影院、礼堂等采用三级耐火等级时，建筑层数不应超过2层。

→除剧场、电影院、礼堂外的上述建筑如采用四级耐火等级时，只能为单层建筑。

（续）

建筑分类与耐火等级	→独立建造的一、二级耐火等级的老年人照料设施的建筑高度不宜大于 32m，不应大于 54m。 →独立建造的三级耐火等级的老年人照料设施，不应超过 2 层。 **◆检查方法** →对比样品 →检查涂层外观。 →检查涂层厚度。 →检查膨胀倍数。

（2）总平面布局与平面布置检查

总平面布局与平面布置检查	**◆建筑选址** →生产、储存和装卸易燃易爆危险物品的工厂、仓库和专用车站、码头，必须设置在城市的边缘或者相对独立的安全地带。 →易燃易爆气体和液体的充装站、供应站、调压站，应当设置在合理位置，符合防火防爆要求。 →存放甲、乙、丙类液体的仓库宜布置在地势较低的地方，以免火灾对周围环境造成威胁；若布置在地势较高处，则应采取措施防止液体流散。 →乙炔遇水产生可燃气体，容易发生火灾爆炸，所以乙炔站等企业严禁布置在可能被水淹没的地方。 →生产和储存爆炸物品的企业应利用地形，选择多面环山、附近没有建筑的地方。 →散发可燃气体、可燃蒸气和可燃粉尘的车间、装置等，宜布置在明火或散发火花地点的常年最小频率风向的上风侧。 →液化石油气储罐区宜布置在本单位或本地区全年最小频率风向的上风侧，并选择通风良好的地点独立设置。 →易燃材料的露天堆场宜设置在天然水源充足的地方，并宜布置在本单位或本地区全年最小频率风向的上风侧。

（续）

总平面布局与平面布置检查

◆建筑总平面布局

→应根据各建筑物的使用性质、规模、火灾危险性，以及所处的环境、地形、风向等因素合理布置，建筑之间要留有足够的防火间距，以消除或减少建筑物之间及周边环境的相互影响和火灾危害。

→规模较大的企业要根据实际需要，合理划分生产区、储存区（包括露天储存区）、生产辅助设施区、行政办公和生活福利区等。

→易燃易爆的工厂和仓库的生产区、储存区内不得修建办公楼、宿舍等民用建筑。

◆防火间距的确定原则

→防止火灾蔓延：根据火灾发生后产生的辐射热对相邻建筑的影响，一般不考虑飞火、风速等因素。

→保障灭火救援场地需要：防火间距还应满足消防车的最大工作回转半径和扑救场地的需要。

→节约土地资源：确定建筑之间的防火间距，既要综合考虑防止火灾向邻近建筑蔓延扩大和灭火救援的需要，又要考虑节约用地的因素。

→防火间距的计算：防火间距应按相邻建筑物外墙的最近水平距离计算，如外墙有凸出的可燃或难燃构件，则应从其凸出部分的外缘算起，如为储罐或堆场，则应从储罐外壁或堆场的堆垛外缘算起。

◆厂房之间及其与乙、丙、丁、戊类仓库和民用建筑等的防火间距

→厂房之间及其与乙、丙、丁、戊类仓库和民用建筑等的防火间距不应小于相关规定。

（续）

总平面布局与平面布置检查	→为丙、丁、戊类厂房服务而单独设置的生活用房应按民用建筑确定，与所属厂房的防火间距不应小于6m。 →两座厂房相邻较高一面外墙为防火墙，或相邻两座高度相同的一、二级耐火等级建筑中相邻任一侧外墙为防火墙且屋顶的耐火极限不低于1.00h时，其防火间距不限，但甲类厂房之间不应小于4m。 →两座一、二级耐火等级的厂房，当相邻较低一面外墙为防火墙且较低一座厂房的屋顶无天窗，屋顶耐火极限不低于1.00h，或相邻较高一面外墙的门、窗等开口部位设置甲级防火门、窗或防火分隔水幕，或按《建筑设计防火规范》（GB 50016—2014）（2018年版）规定设置防火卷帘时，甲、乙类厂房之间的防火间距不应小于6m；丙、丁、戊类厂房之间的防火间距不应小于4m。 →发电厂内的主变压器的油量可按单台确定。 →耐火等级低于四级的既有厂房，其耐火等级可按四级确定。 →当丙、丁、戊类厂房与丙、丁、戊类仓库相邻时，应符合以上规定。 **◆甲类厂房与重要公共建筑、明火或散发火花地点之间的防火间距** →甲类厂房与重要公共建筑的防火间距不应小于50m，与明火或散发火花地点的防火间距不应小于30m。 **◆厂房与民用建筑的防火间距** →当较高一面外墙为无门、窗、洞口的防火墙，或比相邻较低一座建筑屋面高15m及以下范围内的外墙为无门、窗、洞口的防火墙时，其防火间距不限。 →相邻较低一面外墙为防火墙，且屋顶无天窗或洞口、屋顶的耐火极限不低于100h，或相邻较高一面外墙为防火墙，且墙上开口部位采取了防火措施，其防火间距可适当减小，但不应小于4m。

（续）

总平面布局与平面布置检查

◆厂房外附设有化学易燃物品设备的防火间距

→厂房外附设化学易燃物品的设备时，其室外设备外壁与相邻厂房室外附设设备的外壁或相邻厂房外墙的防火间距，不应小于相关规定。

→用不燃材料制作的室外设备，可按一、二级耐火等级建筑确定。

→总容量不大于 15m^3 的丙类液体储罐，当直埋于厂房外墙外，且面向储罐一面 4.0m 范围内的外墙为防火墙时，其防火间距不限。

◆厂区围墙与厂区内建筑之间的防火间距

→厂区围墙与厂区内建筑的间距不宜小于 5m，围墙两侧建筑的间距应满足相应建筑的防火间距要求。

◆同一座 U 形或山形厂房中相邻两翼之间的防火间距

→同一座 U 形或山形厂房中相邻两翼之间的防火间距，不宜小于《建筑设计防火规范》（GB 50016—2014）（2018 年版）的规定，但当厂房的占地面积小于《建筑设计防火规范》（GB 50016—2014）（2018 年版）规定的每个防火分区最大允许建筑面积时，其防火间距可为 6m。

◆仓库的防火间距

→甲类仓库之间及其与其他建筑、明火或散发火花地点、铁路、道路等的防火间距不应小于《建筑设计防火规范》（GB 50016—2014）（2018 年版）的规定。

→乙、丙、丁、戊类仓库之间及其与民用建筑之间的防火间距不应小于《建筑设计防火规范》（GB 50016—2014）（2018 年版）的规定。

（续）

总平面布局与平面布置检查

◆防火间距不足时的消防技术措施

- 改变建筑物的生产和使用性质，尽量降低建筑物的火灾危险性，改变房屋部分结构的耐火性能，提高建筑物的耐火等级。
- 调整生产厂房的部分工艺流程，限制库房内储存物品的数量，提高部分构件的耐火极限和燃烧性能。
- 将建筑物的普通外墙改造为防火墙或减少相邻建筑的开口面积，如开设门窗，应采用防火门窗或加防火水幕保护。
- 拆除部分耐火等级低、占地面积小、使用价值低且与新建筑物相邻的原有陈旧建筑物。
- 设置独立的室外防火墙。在设置防火墙时，应兼顾通风排烟和破拆扑救，切忌盲目设置，顾此失彼。

防火门窗

◆建筑布置原则

- 建筑内部某部位着火时，能限制火灾和烟气在建筑内部和外部的蔓延，并为人员疏散、消防救援人员的救援和灭火提供保护。

（续）

总平面布局与平面布置检查	→建筑物内部某处发生火灾时，减少对邻近（上下层、水平相邻空间）分隔区域受到强辐射热和烟气的影响。 →便于消防救援人员进行救援、利用灭火设施进行作战活动。 →有火灾或爆炸危险的建筑，其设备设置部位应能防止对人员和贵重设备造成影响或危害；或采取措施防止发生火灾或爆炸，及时控制灾害的蔓延扩大。 →除为满足民用建筑使用功能所设置的附属库房外，民用建筑内不应设置生产车间和其他库房。 **◆设备用房布置——锅炉房、变压器室** →燃油或燃气锅炉房、变压器室应设置在首层或地下一层靠外墙部位，但常（负）压燃油、燃气锅炉可设置在地下二层或屋顶上。 →锅炉房、变压器室的疏散门均应直通室外或安全出口。 →锅炉房、变压器室等与其他部位之间应采用耐火极限不低于2.00h的防火隔墙和耐火极限不低于1.50h的不燃性楼板隔开。在隔墙和楼板上不应开设洞口；确需在隔墙上设置门、窗时，应设置甲级防火门、窗。 →当锅炉房内设置储油间时，其总储存量不应大于1m^3，且储油间应采用耐火极限不低于3.00h的防火隔墙与锅炉间分隔，当确需在防火隔墙上开门时，应设置甲级防火门。 →变压器室之间、变压器室与配电室之间，应设置耐火极限不低于2.00h的防火隔墙。 →油浸变压器、多油开关室、高压电容器室，应设置防止油品流散的设施。油浸变压器下面应设置储存变压器全部油量的事故储油设施。 →锅炉的容量应符合《锅炉房设计标准》（GB 50041—2020）的有关规定。油浸变压器的总容量不应大于1260kV·A，单台容量不应大于630kV·A。

（续）

总平面布局与平面布置检查	→应设置火灾报警装置。 →应设置与锅炉、油浸变压器容量和建筑规模相适应的灭火设施。 →燃气锅炉房应设置爆炸泄压设施，燃气、燃油锅炉房应设置独立的通风系统，并应符合《建筑设计防火规范》（GB 50016—2014）（2018 年版）的有关规定。  变压器室 **◆设备用房布置——柴油发电机房** →宜布置在建筑物的首层及地下一、二层，不应布置在人员密集场所的上一层、下一层或贴邻。 →应采用耐火极限不低于 2.00h 的防火隔墙和耐火极限不低于 1.50h 的不燃性楼板与其他部位隔开，门应采用甲级防火门。

（续）

总平面布局与平面布置检查	→机房内设置储油间时，其总储存量不应大于 $1m^3$，储油间应采用耐火极限不低于 3.00h 的防火隔墙与发电机房分隔；当必须在防火隔墙上开门时，应设置甲级防火门。 →应设置火灾报警装置。 →应设置与柴油发电机容量和建筑规模相适应的灭火设施，当建筑内其他部位设置自动喷水灭火系统时，机房内应设置自动喷水灭火系统。 **◆设备用房布置——液化石油气瓶组** →应设置独立的瓶组间。 →瓶组间不应与住宅建筑、重要公共建筑和其他高层公共建筑贴邻，液化石油气气瓶的总容积不大于 $1m^3$ 的瓶组间与所服务的其他建筑贴邻时，应采用自然气化方式供气。 →液化石油气气瓶的总容积大于 $1m^3$、不大于 $4m^3$ 的独立瓶组间，与所服务建筑的防火间距： ① 明火或散发火花地点：液化石油气气瓶的总容积小于或等于 $2m^3$ 时，防火间距为 25m；液化石油气气瓶的总容积大于 $2m^3$，小于或等于 $4m^3$ 时，防火间距为 30m。 ② 重要公共建筑、一类高层民用建筑：液化石油气气瓶的总容积小于或等于 $2m^3$ 时，防火间距为 15m；液化石油气气瓶的总容积大于 $2m^3$，小于或等于 $4m^3$ 时，防火间距为 20m。 ③ 裙房和其他民用建筑：液化石油气气瓶的总容积小于或等于 $2m^3$ 时，防火间距为 8m；液化石油气气瓶的总容积大于 $2m^3$，小于或等于 $4m^3$ 时，防火间距为 10m。 ④ 道路（路边）（主要）：防火间距为 10m。 ⑤ 道路（路边）（次要）：防火间距为 5m。

（续）

总平面布局与平面布置检查	→在瓶组间的总出气管道上应设置紧急事故自动切断阀。 →瓶组间应设置可燃气体浓度报警装置。 →其他防火要求应符合《城镇燃气设计规范》（GB 50028—2006）（2020 年版）的规定。 **◆设备用房布置——消防控制室** →单独建造的消防控制室，其耐火等级不应低于二级。 →附设在建筑物内的消防控制室，宜设置在建筑物内首层或地下一层，并宜布置在靠外墙部位，且应采用耐火极限不低于 2.00h 的防火隔墙和耐火极限不低于 1.50h 的楼板与其他部位隔开，疏散门应直通室外或安全出口。 →严禁与消防控制室无关的电气线路和管路穿过。 →不应设置在电磁场干扰较强及其他可能影响消防控制设备工作的设备用房附近。 **◆设备用房布置——消防设备用房** →应采用耐火极限不低于 2.00h 的防火隔墙和耐火极限不低于 1.50h 的楼板与其他部位隔开。 →独立建造的消防水泵房的耐火等级不应低于二级。 →附设在建筑内的消防水泵房，不应设置在地下三层及以下，或地下室内地面与室外出入口地坪高差大于 10m 的地下楼层中。 →疏散门应直通室外或安全出口。 →通风、空调机房和变配电室开向建筑内的门应采用甲级防火门，消防控制室和其他设备房间开向建筑内的门应采用乙级防火门。 →消防水泵房的门应采用甲级防火门；消防电梯机房与普通电梯机房之间应采用耐火极限不低于 2.00h 的防火隔墙分开，如开门，应设甲级防火门。

（续）

总平面布局与平面布置检查	◆人员密集场所布置——观众厅、会议厅、多功能厅 →宜布置在首层或二、三层；设置在三级耐火等级的建筑内时，不应布置在三层及以上楼层。 →一个厅、室的建筑面积不宜超过 $400m^2$。 →一个厅、室的疏散门不应少于两个。 →当设置在高层建筑内时，应设置火灾自动报警系统和自动喷水灭火系统等消防设施。 →设置在地下或半地下时，宜设置在地下一层，不应设置在地下三层及以下楼层。  疏散门 ◆人员密集场所布置——歌舞娱乐放映游艺场所 →宜布置在建筑的首层或二、三层的靠外墙部位，不宜布置在袋形走道的两侧和尽端。 →应采用耐火极限不低于 2.00h 的防火隔墙和耐火极限不低于 1.00h 的不燃性楼板与其他场所隔开。 →设置在厅、室墙上的门和该场所与建筑内其他部位相通的门应采用乙级防火门。

（续）

总平面布局与平面布置检查	└→设置在其他楼层时： ① 不应设置在地下二层及二层以下，设置在地下一层时，地下一层地面与室外出入口地坪的高差不应大于 10m。 ② 布置在地下或四层及以上楼层时，一个厅、室的建筑面积不应超过 $200m^2$。面积按厅、室建筑面积计算，这里的“一个厅、室”是指歌舞娱乐放映游艺场所中一个相互分隔的独立单元。 ③ 应设置火灾自动报警系统和自动喷水灭火系统及防烟排烟设施等。 **◆人员密集场所布置——剧场、电影院、礼堂** →宜设置在独立的建筑内。 →采用三级耐火等级建筑时，不应超过 2 层。 └→确需设置在其他民用建筑内时，应至少设置 1 个独立的安全出口和疏散楼梯，并应符合下列规定： ① 应采用耐火极限不低于 2.00h 的防火隔墙和甲级防火门与其他区域分隔。 ② 设置在一、二级耐火等级的建筑内时，观众厅宜布置在首层、二层或三层；确需布置在四层及以上楼层时，一个厅、室的疏散门不应少于 2 个，且每个观众厅的建筑面积不宜大于 $400m^2$。 ③ 设置在三级耐火等级的建筑内时，不应布置在三层及以上楼层。 ④ 设置在地下或半地下时，宜设置在地下一层，不应设置在地下三层及以下楼层。 ⑤ 设置在高层建筑内时，应设置火灾自动报警系统及自动喷水灭火系统等自动灭火系统。

（续）

总平面布局与平面布置检查

◆人员密集场所布置——商店、展览建筑

→采用三级耐火等级建筑时，不应超过2层。

→采用四级耐火等级建筑时，应为单层。

→营业厅、展览厅设置在三级耐火等级的建筑内时，应布置在首层或二层；设置在四级耐火等级的建筑内时，应布置在首层。

→营业厅、展览厅不应设置在地下三层及以下楼层。地下或半地下营业厅、展览厅不应经营、储存和展示甲、乙类火灾危险性物品。

◆特殊场所布置——儿童活动场所

→宜设置在独立的建筑内，且不应设置在地下或半地下。

→当采用一、二级耐火等级的建筑时，不应超过3层。

→采用三级耐火等级的建筑时，不应超过2层。

→采用四级耐火等级的建筑时，应为单层。

确需设置在其他民用建筑内时，应符合下列规定：

① 应采用耐火极限不低于2.00h的防火隔墙和耐火极限不低于1.00h的楼板与其他场所或部位分隔，墙上必须设置的门、窗应采用乙级防火门、窗。

② 设置在一、二级耐火等级的建筑内时，应布置在首层、二层或三层。

③ 设置在三级耐火等级的建筑内时，应布置在首层或二层。

④ 设置在四级耐火等级的建筑内时，应布置在首层。

⑤ 设置在高层建筑内时，应设置独立的安全出口和疏散楼梯。

⑥ 设置在单、多层建筑内时，宜设置独立的安全出口和疏散楼梯。

（续）

总平面布局与平面布置检查

◆特殊场所布置——老年人照料设施

→宜独立设置。

→与其他建筑上、下组合时，老年人照料设施宜设置在建筑的下部，并应符合下列规定：

→独立建造的一、二级老年人照料设施的建筑高度不宜大于32m，不应大于54m；独立建造的三级耐火等级的老年人照料设施不应超过2层。

→老年人照料设施部分应采用耐火极限不低于2.00h的防火隔墙和耐火极限不低于1.00h的楼板与其他场所或部位分隔，墙上必须设置的门、窗应采用乙级防火门、窗。

→当老年人照料设施中的老年人公共活动用房、康复与医疗用房设置在地下、半地下时，应设置在地下一层，每间用房的建筑面积不应大于200m^{2}且使用人数不应大于30人。

→老年人照料设施中的老年人公共活动用房、康复与医疗用房设置在地上四层及以上时，每间用房的建筑面积不应大于200m^{2}且使用人数不应大于30人。

◆特殊场所布置——医院和疗养院的住院部分

→不应设置在地下或半地下。

→采用三级耐火等级建筑时，不应超过两层。

→采用四级耐火等级建筑时，应为单层。

→设置在三级耐火等级的建筑内时，应布置在首层或二层。

→设置在四级耐火等级的建筑内时，应布置在首层。

→病房楼内相邻护理单元之间应采用耐火极限不低于2.00h的防火隔墙分隔，隔墙上的门应采用乙级防火门，设置在走道上的防火门应采用常开防火门。

（续）

总平面布局与平面布置检查

◆特殊场所布置——教学建筑、食堂、菜市场

→采用三级耐火等级建筑时，不应超过两层。

→采用四级耐火等级建筑时，应为单层。

→设置在三级耐火等级的建筑内时，应布置在首层或二层。

→设置在四级耐火等级的建筑内时，应布置在首层。

◆住宅建筑及设置商业服务网点的住宅建筑

→住宅部分与非住宅部分之间，应采用耐火极限不低于2.00h且无门、窗、洞口的防火隔墙和耐火极限不低于1.50h的不燃性楼板进行完全分隔；当为高层建筑时，应采用无门、窗、洞口的防火墙和耐火极限不低于2.00h的不燃性楼板完全分隔。

→住宅部分与非住宅部分的安全出口和疏散楼梯应分别独立设置；为住宅部分服务的地上车库应设置独立的疏散楼梯或安全出口，地下车库的疏散楼梯应按《建筑设计防火规范》（GB 50016—2014）（2018年版）的规定进行分隔。

→住宅部分和非住宅部分的安全疏散、防火分区和室内消防设施配置，可根据各自的建筑高度分别按照相关规范中有关住宅建筑和公共建筑的规定执行；该建筑的其他防火设计应根据建筑的总高度和建筑规模按《建筑设计防火规范》（GB 50016—2014）（2018年版）的规定执行。

→设置商业服务网点的住宅建筑，其居住部分与商业服务网点之间应采用耐火极限不低于2.00h且无门、窗、洞口的防火隔墙和耐火极限不低于1.50h的不燃性楼板完全分隔，住宅部分和商业服务网点部分的安全出口和疏散楼梯应分别独立设置。

→商业服务网点中每个分隔单元之间应采用耐火极限不低于2.00h且无门、窗、洞口的防火隔墙相互分隔，当每个分隔单元任一层建筑面积大于200m^{2}时，该层应设置两个安全出口或疏散门。

（续）

总平面布局与平面布置检查	→每个分隔单元内的任一点至最近直通室外的出口的直线距离不应大于《建筑设计防火规范》（GB 50016—2014）（2018 年版）中有关多层其他建筑位于袋形走道两侧或尽端的疏散门至最近安全出口的最大直线距离，室内楼梯的距离可按其水平投影长度的 1.5 倍计算。 **◆工业建筑附属用房布置——办公室、休息室** →甲、乙类生产场所（仓库）不应设置在地下或半地下。 →办公室、休息室等不应设置在甲、乙类厂房内，确需贴邻本厂房时，其耐火等级不应低于二级，并应采用耐火极限不低于 3.00h 的防爆墙隔开且应设置独立的安全出口。 →在丙类厂房内设置的办公室、休息室，应采用耐火极限不低于 2.50h 的防火隔墙和耐火极限不低于 1.00h 的楼板与厂房隔开，并应至少设置一个独立的安全出口。如隔墙上需开设相互连通的门时，应采用乙级防火门。 →甲、乙类仓库内严禁设置办公室、休息室等，且不应贴邻建造。 →在丙、丁类仓库内设置的办公室、休息室，应采用耐火极限不低于 2.50h 的防火隔墙和耐火极限不低于 1.00h 的楼板与库房隔开，并应设置独立的安全出口。如隔墙上需开设相互连通的门时，应采用乙级防火门。 →员工宿舍严禁设置在厂房、仓库内。 **◆工业建筑附属用房布置——液体中间储罐** →厂房中的丙类液体中间储罐应设置在单独房间内，其容积不应大于 $5m^3$。 →设置该中间储罐的房间，应采用耐火极限不低于 3.00h 的防火隔墙和耐火极限不低于 1.50h 的楼板与其他部位分隔，房间的门应采用甲级防火门。

（续）

总平面布局与平面布置检查	◆**工业建筑附属用房布置——附属仓库** →厂房内设置不超过一昼夜需要量的甲、乙类中间仓库时，中间仓库应靠外墙布置，并应采用防火墙和耐火极限不低于 1.50h 的不燃性楼板与其他部分隔开。 →厂房内设置丙类仓库时，必须采用防火墙和耐火极限不低于 1.50h 的楼板与厂房隔开，设置丁、戊类仓库时，应采用耐火极限不低于 2.00h 的防火隔墙和耐火极限不低于 1.00h 的楼板与其他部位隔开。 ◆**城市总体布局的消防安全检查** →易燃易爆危险品的工厂、仓库，甲、乙、丙类液体储罐区，液化石油气储罐区，可燃、助燃气体储罐区，可燃材料堆场等，布置在城市（区域）的边缘或者相对独立的安全地带，并布置于城市（区域）全年最小频率风向的上风侧；与影剧院、会堂、体育馆、大型商场、游乐场等人员密集的公共建筑或场所保持足够的防火安全距离。 →甲、乙、丙类液体储罐（区）尽量布置在地势较低的地带；当条件受限确需布置在地势较高的地带时，须设置可靠的安全防护设施，如加强防火堤设置，或者增设防护墙等。 →散发可燃气体、可燃蒸气和可燃粉尘的工厂和大型液化石油气储存基地，布置在城市全年最小频率风向的上风侧；液化石油气储罐（区）宜布置在地势平坦、开阔等不易积存液化石油气的地带，并与居住区、商业区或其他人员集中地区保持足够的防火安全距离。 →大中型石油化工企业、石油库、液化石油气储罐站等，沿城市河流布置时，应布置在城市河流的下游，并采取防止液体流入河流的可靠措施。 →汽车加油、加气站远离人员集中的场所、重要的公共建筑。

（续）

总平面布局与平面布置检查	
	→地下建筑（包括地铁、城市隧道等）与加油站的埋地油罐及其他用途的埋地可燃液体储罐保持足够的防火安全距离，其出口和风亭等设施与邻近建筑保持足够的防火安全距离。 →汽车库、修车库、停车场远离易燃、可燃液体或可燃气体的生产装置区和储存区；汽车库与甲、乙类厂房及仓库分开建造。 →装运液化石油气和其他易燃易爆危险化学品的专用码头、车站布置在城市或港区的独立安全地段。 →城市消防站的布置应结合城市交通状况和各区域的火灾危险性进行合理布局；街区道路布置和市政消火栓的布局能满足灭火救援需要；街区道路中心线间距离一般在 160m 以内，市政消火栓沿可通行消防车的街区道路布置，间距不得大于 120m。 **◆石油化工企业总平面的布局** →根据工厂的生产流程及各组成部分的生产特点和火灾危险性，结合地形、风向等条件，检查企业的功能分区、集中布置的建筑和装置等总平面布置。 →厂区主要出入口不少于两个，且宜设置在不同方位。生产区的道路宜采用双车道。工艺装置区，液化烃储罐区，可燃液体储罐区、装卸区及化学危险品仓库区按规定设置环形消防车道。 →消防站宜位于生产区全年最小频率风向的下风侧，且避开工厂主要人流道路。 **◆火力发电厂总平面的布局** →厂区布置在地势较低的边缘地带，安全防护设施可以布置在地形较高的边缘地带。 →对于布置在厂区内的点火油罐区，其围栅高度不小于 1.8m；当利用厂区围墙作为点火油罐区的围栅时，实体围墙的高度不小于 2.5m。 →厂区的出入口不少于两个，其位置应便于消防车出入。主厂房、点火油罐区及储煤场周围应设置环形消防车道。

（续）

总平面布局与平面布置检查	 火力发电厂 **◆钢铁冶金企业总平面的布局** →储存或使用甲、乙、丙类液体，可燃气体，明火或散发火花以及产生大量烟气、粉尘、有毒有害气体的车间，宜布置在厂区边缘或主要生产车间、职工生活区全年最小频率风向的上风侧。 →当总容积不超过 200000m³ 时，罐体外壁与围墙的间距不宜小于 15m；当总容积大于 200000m³ 时，罐体外壁与围墙的间距不宜小于 18m。 →实地测量露天布置的可燃气体与不可燃气体固定容积储罐之间的净距，氧气固定容积储罐与不可燃气体固定容积储罐之间的净距，不可燃气体固定容积储罐之间的净距；实地测量露天布置的液氧储罐与不可燃的液化气体储罐之间的净距，不可燃的液化气体储罐之间的净距，上述净距均不宜小于 2m。 →高炉煤气、发生炉煤气、转炉煤气和铁合金电炉煤气的管道不能埋地敷设。氧气管道不得与燃油管道、腐蚀性介质管道和电缆、电线同沟敷设，动力电缆不得与可燃、助燃气体和燃油管道同沟敷设。

（续）

总平面布局与平面布置检查	**◆防火间距的测量** →建筑物之间的防火间距按相邻建筑外墙的最近水平距离计算，当外墙有凸出的可燃或难燃构件时，从其凸出部分外缘算起。 →储罐之间的防火间距为相邻两储罐外壁的最近水平距离。 →堆场之间的防火间距为两堆场中相邻堆垛外缘的最近水平距离。 →变压器之间的防火间距为相邻变压器外壁的最近水平距离。 →建筑物、储罐或堆场与道路、铁路的防火间距，为建筑外墙、储罐外壁或相邻堆垛外缘距道路最近一侧路边或铁路中心线的最小水平距离。 **◆防火间距不足时的处理** →改变建筑物的生产或使用性质，尽量减少建筑物的火灾危险性；改变房屋部分结构的耐火性能，提高建筑物的耐火等级。 →调整生产厂房的部分工艺流程和库房储存物品的数量，调整部分构件的耐火性能和燃烧性能。 →将建筑物的普通外墙改为防火墙。 →拆除部分耐火等级低、占地面积小、适用性不强且与新建建筑相邻的原有建筑物。 →设置独立的防火墙等。 **◆消防车道形式** →工厂、仓库区内应设置消防车道。 →高层民用建筑，超过3000个座位的体育馆，超过2000个座位的会堂，占地面积大于3000m^{2}的商店建筑、展览建筑等单层、多层公共建筑，消防车道的设置形式为环形，确有困难时，可沿建筑的两个长边设置消防车道。

（续）

总平面布局与平面布置检查	
	→沿街建筑和设有封闭内院或天井的建筑，对于沿街道部分的长度大于 150m 或总长度大于 220m 的建筑，应设置穿过建筑的消防车道，确有困难时，应沿建筑四周设置环形消防车道。 →除Ⅳ类汽车库和修车库以外，消防车道设置形式为环形，确有困难时，可沿建筑的一个长边和另一边设置消防车道。 →可燃材料露天堆场区，液化石油气储罐区，甲、乙、丙类液体储罐区和可燃气体储罐区，应设置消防车道。 →储量大于规定值的堆场区、储罐区，宜设置环形消防车道。 **◆消防车道的净宽和净高** →消防车道的净宽和净高均不应小于 4m，其坡度不宜大于 8%。 **◆消防车道的荷载** →消防车道的路面、救援操作场地及其下面的管道和暗沟等应能承受重型消防车的压力。 **◆消防车道的最小转弯半径** →中间消防车道与环形消防车道的交接处应满足消防车转弯行驶的要求。 →普通消防车转弯半径为 9m，登高车转弯半径为 12m，一些特种车辆转弯半径为 16~20m。 **◆消防车道的回车场** →环形消防车道至少应有两处与其他车道相通。 →对于尽头式消防车道，应设置回车道或回车场。 →回车场面积一般不小于 12m×12m。 →高层建筑的回车场面积不宜小于 15m×15m。 →供重型消防车使用时，回车场面积不宜小于 18m×18m。

（续）

总平面布局与平面布置检查	◆消防车道的检查方法 →沿消防车道全程查看消防车道路面情况；消防车道利用交通道路时，合用道路需满足消防车通行与停靠的要求。 →选择消防车道路面相对较窄部位以及消防车道 4m 净空高度内两侧凸出物最近距离处进行测量，将最小宽度确定为消防车道宽度。 →选择消防车道正上方距车道相对较低的凸出物进行测量，测量点不少于 5 个，将凸出物与车道的垂直高度确定为消防车道净高。 →不规则回车场以消防车可以利用场地的内接正方形为回车场地或根据实际设置情况进行消防车通行试验，满足消防车回车的要求。 →查阅施工记录、消防车通行试验报告，核查消防车道设计承受荷载。 ◆消防车登高操作场地的检查内容 →消防车登高操作场地的要求。 →消防车登高操作场地的设置。 →消防车登高操作场地的荷载。 ◆消防车登高操作场地的检查方法 →沿消防车道全程查看消防车登高操作场地路面情况。 →沿消防车登高面全程测量消防车登高操作场地的长度、宽度、坡度，以及场地靠建筑外墙一侧的边缘至建筑外墙的距离等。 →查验施工记录、消防车通行及登高操作试验报告，核查消防车登高操作场地设计承受荷载。

（续）

总平面布局与平面布置检查	内容
总平面布局与平面布置检查	**◆厂房平面布局检查** →甲、乙类厂房： ① 办公室、休息室等不得设置在甲、乙类厂房内。 ② 确需贴邻本厂房时，其耐火等级不应低于二级。 ③ 采用耐火极限不低于 3.00h 的防爆墙与厂房分隔，且设置独立的安全出口。 →丙类厂房： ① 可设置用于管理、控制或调度生产的办公室及工人的休息室，但要采用耐火极限不低于 2.50h 的防火隔墙和耐火极限不低于 1.00h 的楼板与其他部位分隔，并至少设置 1 个独立的安全出口。 ② 为方便沟通而设置的、与生产区域相通的门须采用乙级防火门。 **◆厂房平面布局的检查内容** →员工宿舍的布置。 →办公室、休息室的布置。 →中间厂房的布置。 →中间储罐的布置。 →变、配电站的布置。 **◆仓库平面布局的检查内容** →员工宿舍的布置。 →附属办公室、休息室的布置。 →中间厂房的布置。 →中间储罐的布置。 →变、配电站的布置。

（续）

总平面布局与平面布置检查	
	◆民用建筑平面布局的检查内容 →营业厅、展览厅：设置层数；放置物品种类；地下或半地下商店的防火分隔。 →儿童活动场所：与建筑其他部位的防火分隔；设置层数；安全出口的设置。 →老年人照料设施：设置高度和层数；与其他场所的防火分隔；功能用房的设置；避难间的设置。 →医院和疗养院的住院部分：设置层数；相邻护理单元间的防火分隔；避难间的设置。 →教学建筑、食堂、菜市场：设置层数。 →剧场、电影院、礼堂：与建筑其他部位的防火分隔；设置层数；观众厅的布置。 →歌舞娱乐放映游艺场所：与建筑其他部位的防火分隔；设置层数；厅、室的布局。 →与其他使用功能建筑合建的住宅建筑：住宅部分与其他使用功能之间的防火分隔；安全出口与疏散楼梯的设置。 →燃油或燃气锅炉房：设置部位；与建筑其他部位的防火分隔；疏散门的设置；储油间的设置；储油罐的设置；锅炉的容量；燃料供给管道的设置；设施的配置。 →变压器室：设置部位；与建筑其他部位的防火分隔；疏散门的设置；变压器的容量；设施的配置。 →柴油发电机房：设置层数；与建筑其他部位的防火分隔；储油间的设置；燃料供给管道的设置；设施的配置。 →瓶装液化石油气瓶组间：与所服务建筑的间距；设施的配置。 →供建筑内使用的丙类液体储罐：与相邻建筑的防火间距是否符合有关规定；当设置中间罐时，中间罐的容量不得大于 $1m^3$，并应设置在一、二级耐火等级的单独房间内，房间门采用甲级防火门。

（续）

总平面布局与平面布置检查	→消防控制室：设置部位；与建筑其他部位的防火分隔；疏散门的设置；设施的配置。 →消防水泵房：设置部位；与建筑其他部位的防火分隔；疏散门的设置；设施的配置。 **◆汽车库、修车库平面布局的检查内容** →为车库服务的附属建筑：建筑规模；与车库的分隔；在停放易燃液体、液化石油气罐车的汽车库内，不得设置地下室和地沟。 →为车库服务的附属设施。 →与汽车库组合建造的其他建筑功能。 →与修车库组合建造的其他建筑功能。 **◆人防工程平面布局的检查内容** →不允许设置的场所或设施： ① 不得设置哺乳室、幼儿园、托儿所、游乐厅等儿童活动场所和残疾人员活动场所。 ② 不应使用、储存液化石油气、相对密度（与空气密度比值）大于或等于 0.75 的可燃气体和闪点小于 60℃的液体燃料。 ③ 不得设置油浸电力变压器和其他油浸电气设备。 →地下商店：设置层数；商品种类；营业厅的防火分隔。 →歌舞娱乐放映游艺场所：与建筑其他部位的防火分隔；设置部位；设置层数；房间布局。 →医院病房：不得设置在地下二层及以下；设置在地下一层时，室内地面与室外出入口地坪的高差不大于 10m。 →消防控制室：设置部位；与建筑其他部位的防火分隔。 →柴油发电机房：储油间的设置；与电站控制室的防火分隔。 →燃油或燃气锅炉房：参照民用建筑内设置燃油或燃气锅炉房的要求。

（续）

总平面布局与平面布置检查

◆消防电梯平面布局的检查内容

- 消防电梯数量的设置。
- 消防电梯前室的设置。
- 消防电梯井、机房的设置。
- 消防电梯的配置。
- 消防电梯的排水。

◆直升机停机坪平面布局的检查内容

- 与周边凸出物的间距。设在屋顶平台上的停机坪，与设备机房、电梯机房、水箱间、共用天线等凸出物和屋顶的其他邻近建筑设施的距离，不小于5m。
- 直通出口的设置。从建筑主体通向停机坪的出口不少于2个，且每个出口的宽度不小于0.9m。
- 设施的配置。停机坪四周设置航空障碍灯、应急照明和消火栓等。

◆消防救援口平面布局的检查内容

- 消防救援口设置位置与消防车登高操作场地相对应。窗口的玻璃应易于破碎，并设置可在室外易识别的明显标识。
- 消防救援口的净高度和净宽度均不小于1m，窗口下沿距室内地面不宜大于1.2m。
- 消防救援口沿建筑外墙在每层设置，设置间距不宜大于20m，且保证每个防火分区不少于2个。
- 洁净厂房同层洁净室（区）外墙设置可供消防救援人员通往厂房洁净室（区）的门、窗，门、窗、洞口间距大于80m时，在该段外墙的适当部位设置专用消防口，宽度不小于750mm，高度不小于1800mm，并设有明显标识。
- 楼层的专用消防口应设置阳台，并从二层开始向上层架设钢梯。

（3）防火防烟分区与分隔

防火防烟分区与分隔

◆厂房的层数和每个防火分区的最大允许建筑面积

→甲类火灾危险性：

① 一级：宜采用单层；每个防火分区的最大允许建筑面积（m^2）单层 4000m^2，多层为 3000m^2。

② 二级：宜采用单层；每个防火分区的最大允许建筑面积（m^2）单层 3000m^2，多层为 2000m^2。

→乙类火灾危险性：

① 一级：最大允许层数不限；每个防火分区的最大允许建筑面积（m^2）单层 5000m^2，多层为 4000m^2，高层为 2000m^2。

② 二级：最大允许层数不超过 6 层；每个防火分区的最大允许建筑面积（m^2）单层 4000m^2，多层为 3000m^2，高层为 1500m^2。

→丙类火灾危险性：

① 一级：最大允许层数不限；每个防火分区的最大允许建筑面积（m^2）单层不限，多层为 6000m^2，高层为 3000m^2。

② 二级：最大允许层数不限；每个防火分区的最大允许建筑面积（m^2）单层 8000m^2，多层为 4000m^2，高层为 3000m^2。

③ 三级：最大允许层数不超过 2 层；每个防火分区的最大允许建筑面积（m^2）单层 3000m^2，多层为 2000m^2。

→丁类火灾危险性：

① 一、二级：最大允许层数不限；每个防火分区的最大允许建筑面积（m^2）单层不限，多层不限，高层为 4000m^2。

② 三级：最大允许层数不超过 3 层；每个防火分区的最大允许建筑面积（m^2）单层 4000m^2，多层为 2000m^2。

③ 四级：最大允许层数不超过 1 层；每个防火分区的最大允许建筑面积（m^2）单层 1000m^2。

（续）

防火防烟分区与分隔	└→戊类火灾危险性： ① 一、二级：最大允许层数不限；每个防火分区的最大允许建筑面积（m^2）单层不限，多层不限，高层为 6000m^2。 ② 三级：最大允许层数不超过 3 层；每个防火分区的最大允许建筑面积（m^2）单层 5000m^2，多层为 3000m^2。 ③ 四级：最大允许层数不超过 1 层；每个防火分区的最大允许建筑面积（m^2）单层 1500m^2。 **◆仓库的防火分区** →甲、乙类仓库内的防火分区之间应采用不开设门、窗、洞口的防火墙分隔，且甲类仓库应为单层建筑。 →丙、丁、戊类仓库，在实际使用中确因生产工艺、物流等用途需要开口的部位，需采用与防火墙等效的措施，如甲级防火门、防火卷帘分隔，开口部位的宽度一般控制在不大于 6m，高度宜控制在 4m 以下，以保证该部位分隔的有效性。 →甲、乙类仓库不应附设在建筑物的地下室和半地下室内。 →仓库的层数和面积应符合规定。 →仓库内设置自动灭火系统时，除冷库的防火分区外，每座仓库的最大允许占地面积和每个防火分区的最大允许建筑面积可按照规定的增加 1 倍。 └→冷库的防火分区面积应符合《冷库设计规范》（GB 50072—2021）的规定。 **◆不同耐火等级民用建筑防火分区的最大允许建筑面积** └→高层民用建筑： 耐火等级为一、二级：防火分区的最大允许建筑面积为 1500m^2。

（续）

防火防烟分区与分隔	→单、多层民用建筑： ① 耐火等级为一、二级：防火分区的最大允许建筑面积为 2500m^2。 ② 耐火等级为三级：防火分区的最大允许建筑面积为 1200m^2。 ③ 耐火等级为四级：防火分区的最大允许建筑面积为 600m^2。 →地下或半地下建筑（室）： ① 耐火等级为一级：防火分区的最大允许建筑面积为 600m^2。 ② 设备用房的防火分区最大允许建筑面积不应大于 1000m^2。 →民用建筑，对于体育馆、剧场的观众厅，防火分区的最大允许建筑面积可适当增加。 **◆民用建筑防火分区的最大允许建筑面积（增加情况）** →当建筑内设置自动灭火系统时，防火分区最大允许建筑面积可按以上的规定增加 1 倍。 →局部设置时，防火分区的增加面积可按该局部面积的 1 倍计算。 →裙房与高层建筑主体之间设置防火墙，墙上开口部位采用甲级防火门分隔时，裙房的防火分区可按单、多层建筑的要求确定。 →二级耐火等级建筑内的营业厅、展览厅，当设置自动灭火系统和火灾自动报警系统并采用不燃或难燃装修材料时，每个防火分区的最大允许建筑面积可适当增加，并应符合下列规定： ① 设置在高层建筑内时，不应大于 4000m^2。 ② 设置在单层建筑内或仅设置在多层建筑的首层内时，不应大于 10000m^2。 ③ 设置在地下或半地下时，不应大于 2000m^2。 →总建筑面积大于 20000m^2 的地下或半地下商店，应采用无门、窗、洞口的防火墙，耐火极限不低于 2.00h 的楼板分隔为多个建筑面积不大于 20000m^2 的区域。

（续）

防火防烟分区与分隔	→相邻区域确需局部连通时，应采用符合规定的下沉式广场等室外开敞空间、防火隔间、避难走道、防烟楼梯间等方式进行连通。 **◆木结构建筑或木结构组合建筑的允许层数和允许建筑高度** →普通木结构建筑：允许层数为2层；允许建筑高度为10m。 →轻型木结构建筑：允许层数为3层；允许建筑高度为10m。 →胶合木结构建筑：允许层数为1层，允许建筑高度不限；允许层数为3层，允许建筑高度为15m。 →木结构组合建筑：允许层数为7层；允许建筑高度为24m。 **◆木结构建筑防火墙间的允许建筑长度和每层最大允许建筑面积** →1层：防火墙间的允许建筑长度为100m；防火墙间的每层最大允许建筑面积为1800m²。 →2层：防火墙间的允许建筑长度为80m；防火墙间的每层最大允许建筑面积为900m²。 →3层：防火墙间的允许建筑长度为60m；防火墙间的每层最大允许建筑面积为600m²。 **◆木结构建筑的防火分区** →建筑高度不大于18m的住宅建筑，建筑高度不大于24m的办公建筑或丁、戊类厂房（库房）的房间隔墙和非承重外墙可采用木骨架组合墙体，其他建筑的非承重外墙不得采用木骨架组合墙体。 →当设置自动喷水灭火系统时，防火墙间的允许建筑长度和每层最大允许建筑面积可按以上的规定增加1倍；当为丁、戊类地上厂房时，防火墙间的每层最大允许建筑面积不限。 →体育场馆等高大空间建筑的建筑高度和建筑面积可适当增加。

（续）

防火防烟分区与分隔	
	→附设在木结构住宅建筑内的机动车库、发电机间、配电间、锅炉间等火灾危险性较大的场所，应采用耐火极限不低于 2.00h 的防火隔墙和耐火极限不低于 1.00h 的不燃性楼板与其他部位分隔，不宜开设与室内相通的门、窗、洞口，确需开设时，可开设一樘不直通卧室的乙级防火门。 →机动车库的建筑面积不宜大于 60m^2。 **◆城市交通隧道的防火分区** →隧道内的变电站、管廊、专用疏散通道、通风机房及其他辅助用房等，应采取耐火极限不低于 2.00h 的防火隔墙和乙级防火门等分隔措施与车行隧道分隔。 →隧道内附设的地下设备用房，占地面积大，人员较少，每个防火分区的最大允许建筑面积不应大于 1500m^2。 **◆防火分区分隔** →水平防火分区，即采用一定耐火极限的墙、楼板、门窗等防火分隔物进行分隔的空间。 →按垂直方向划分的防火分区也称竖向防火分区，可把火灾控制在一定的楼层范围内，防止火灾向其他楼层垂直蔓延，主要采用具有一定耐火极限的楼板做分隔构件。 →每个楼层可根据面积要求划分成多个防火分区，高层建筑在垂直方向一般以每个楼层为单元划分防火分区，所有建筑物的地下室在垂直方向尽量以每个楼层为单元划分防火分区。 **◆功能区域分隔——歌舞娱乐放映游艺场所** →相互分隔的独立房间，如卡拉 OK 的每间包房、桑拿浴室的每间按摩房或休息室等房间应是独立的防火分隔单元。 →当其布置在地下或一、二级耐火等级建筑的四层及以上楼层时，一个厅、室的建筑面积不应大于 200m^2，即使设置自动喷水灭火系统，面积也不能增加，以便将火灾限制在该房间内。

（续）

防火防烟分区与分隔	→厅、室之间及与建筑的其他部位之间，应采用耐火极限不低于2.00h的防火隔墙和耐火极限不低于1.00h的不燃性楼板分隔，设置在厅、室墙上的门和该场所与建筑内其他部位相通的门均应采用乙级防火门。 →歌舞娱乐放映游艺场所单元之间或与其他场所之间的分隔墙上，除疏散门外，不应开设其他门、窗、洞口。 **◆功能区域分隔——人员密集场所** →建筑内会议厅、多功能厅等人员密集的厅、室确需布置在一、二级耐火等级建筑的四层及以上楼层时，一个厅、室的建筑面积不宜大于$400m^2$。 →剧场、电影院、礼堂设置在一、二级耐火等级的其他民用建筑内时，应采用耐火极限不低于2.00h的防火隔墙和甲级防火门与其他区域分隔；布置在四层及以上楼层时，每个观众厅的建筑面积不宜大于$400m^2$。 **◆功能区域分隔——医院、疗养院建筑** →是指医院或疗养院内的病房楼、门诊楼、手术部或疗养楼、医技楼等直接为病人提供诊查、治疗和休养服务的建筑。 →在按照规范要求划分防火分区后，病房楼的每个防火分区还需根据面积大小和疏散路线进一步分隔，以便将火灾控制在更小的区域内，并有效地减小烟气的危害，为人员疏散与灭火救援提供更好的条件。 →医院和疗养院的病房楼内相邻护理单元之间应采用耐火极限不低于2.00h的防火隔墙分隔，隔墙上的门应采用乙级防火门，设置在走道上的防火门应采用常开防火门。

（续）

防火防烟分区与分隔	◆功能区域分隔——住宅 →住宅部分与非住宅部分之间，应采用耐火极限不低于 1.50h 的不燃性楼板和耐火极限不低于 2.00h 且无门、窗、洞口的防火隔墙完全分隔。 →当为高层建筑时，应采用耐火极限不低于 2.00h 的不燃性楼板和无门、窗、洞口的防火墙完全分隔。 →住宅部分与非住宅部分相接处上下层开口之间应设置高度不小于 1.2m 的实体墙或挑出宽度不小于 1m、长度不小于开口宽度的防火挑檐。 →当室内设置自动喷水灭火系统时，上下层开口之间的实体墙高度不应小于 0.8m。 →设置商业服务网点的住宅建筑，居住部分与商业服务网点之间应采用耐火极限不低于 1.50h 的不燃性楼板和耐火极限不低于 2.00h 且无门、窗、洞口的防火隔墙完全分隔，住宅部分和商业服务网点部分的安全出口和疏散楼梯应分别独立设置。 →商业服务网点中每个分隔单元之间应采用耐火极限不低于 2.00h 且无门、窗、洞口的防火隔墙相互分隔。 ◆设备用房分隔 →附设在建筑内的消防控制室、灭火设备室、消防水泵房和通风空气调节机房、变配电室等，应采用耐火极限不低于 2.00h 的防火隔墙和耐火极限不低于 1.50h 的楼板与其他部位分隔。 →设置在丁、戊类厂房内的通风机房应采用耐火极限不低于 1.00h 的防火隔墙和耐火极限不低于 0.50h 的楼板与其他部位分隔。 →通风空气调节机房和变配电室开向建筑内的门应采用甲级防火门，消防控制室和其他设备房开向建筑内的门应采用乙级防火门。

（续）

防火防烟分区与分隔	→锅炉房、变压器室等与其他部位之间应采用耐火极限不低于2.00h的防火隔墙和耐火极限不低于1.50h的不燃性楼板分隔。 →锅炉房、变压器室等与其他部位之间隔墙和楼板上不应开设洞口，必须在隔墙上开设门、窗时，应设置甲级防火门、窗。 →锅炉房内设置的储油间，应采用耐火极限不低于3.00h的防火隔墙与锅炉间分隔。 →必须在防火隔墙上开门时，应设置甲级防火门。 →变压器室之间、变压器室与配电室之间，应设置耐火极限不低于2.00h的防火隔墙。 →油浸变压器、多油开关室、高压电容器室，应设置防止油品流散的设施。 →布置在民用建筑内的柴油发电机房应采用耐火极限不低于2.00h的防火隔墙和耐火极限不低于1.50h的不燃性楼板与其他部位分隔，门应采用甲级防火门。 →机房内设置储油间时，应采用耐火极限不低于3.00h的防火隔墙与发电机间分隔；必须在防火墙上开门时，应设置甲级防火门。 **◆中庭建筑的火灾危险性** →火灾不受限制地急剧扩大。中庭空间一旦失火，属于“燃料控制型”燃烧，因此很容易使火势迅速扩大。 →烟气迅速扩散。由于中庭空间形似烟囱，因此易产生烟囱效应。 →疏散危险。由于烟气在多层楼迅速扩散，楼内人员会产生恐惧心理，争先恐后逃生，极易出现伤亡。 →自动喷水灭火设备难启动。 →采取普通的火灾探测和自动喷水灭火装置等方法不能达到火灾早期探测和初期灭火的效果。

（续）

防火防烟分区与分隔	→可能出现要同时在几个楼层进行灭火的状况。 →消防救援人员不得不逆疏散人流的方向进入火场。 →火灾迅速多方位扩大，消防救援人员难以围堵、扑灭火灾。 →火灾时，顶棚和壁面上的玻璃因受热破裂而散落，对扑救人员造成威胁。 →建筑物中庭的用途不确定，可能增加大量的可燃物，如临时舞台、照明设施、座位等，将会加大火灾发生的概率，加大火灾时疏散人员的难度。 **◆中庭建筑火灾的防火设计要求** →中庭应与周围相连通的空间进行防火分隔。 →采用防火隔墙时，其耐火极限不应低于 1.00h。 →采用防火玻璃墙时，其耐火隔热性和耐火完整性不应低于 1.00h。 →采用耐火完整性不低于 1.00h 的非隔热性防火玻璃墙时，应设置自动喷水灭火系统保护。 →采用防火卷帘时，其耐火极限不应低于 3.00h，并应符合卷帘分隔的相关规定。 →火与中庭相连通的门、窗，应采用火灾时能自行关闭的甲级防火门、窗。 →高层建筑内的中庭回廊应设置自动喷水灭火系统和火灾自动报警系统。 →中庭应设置排烟设施。 →中庭内不应布置可燃物。 **◆玻璃幕墙的防火措施** →应在每层楼板外沿设置高度不低于 1.2m 的实体墙或挑出宽度不小于 1.0m、长度不小于开口宽度的防火挑檐；当室内设置自动喷水灭火系统时，该部分墙体的高度不应小于 0.8m。

（续）

防火防烟分区与分隔	→当上、下层开口之间设置实体墙确有困难时，可设置防火玻璃墙，高层建筑防火玻璃墙的耐火完整性不应低于 1.00h，多层建筑防火玻璃墙的耐火完整性不应低于 0.50h，外窗的耐火完整性不应低于防火玻璃墙的耐火完整性要求。 →住宅建筑外墙上相邻户开口之间的墙体宽度不应小于 1.0m；小于 1.0m 时，应在开口之间设置凸出外墙不小于 0.6m 的隔板。 →为了阻止发生火灾时火焰和烟气通过幕墙与楼板、隔墙之间的空隙蔓延，幕墙与每层楼板交界处的水平缝隙和隔墙处的垂直缝隙，应该用防火封堵材料严密填实。 →实体墙、防火挑檐和隔板的耐火极限和燃烧性能，均不应低于相应耐火等级建筑外墙的要求。 →当玻璃幕墙遇到防火墙时，应遵循防火墙的设置要求。 **◆井道防火分隔要求** →电梯井： ① 应独立设置。 ② 井内严禁敷设可燃气体和甲、乙、丙类液体管道，不应敷设与电梯无关的电缆、电线等。 ③ 井壁应为耐火极限不低于 2.00h 的不燃性墙体。 ④ 井壁除开设电梯门、安全逃生门和通气孔洞外，不应开设其他洞口。 ⑤ 电梯门的耐火极限不应低于 1.00h，并应符合国家相关规范的要求。 →电缆井、管道井、排烟道、排气道： ① 竖井应分别独立设置。 ② 井壁应为耐火极限不低于 1.00h 的不燃性墙体。 ③ 墙壁上的检查门应采用丙级防火门。 ④ 电缆井、管道井应每层在楼板处用相当于楼板耐火极限的不燃材料或防火材料封堵。 ⑤ 电缆井、管道井与房间、吊顶、走道等相连通的孔洞，应用不燃材料或防火封堵材料严密填实。

（续）

防火防烟分区与分隔	└→垃圾道： ① 宜靠外墙独立设置，不宜设在楼梯间内。 ② 垃圾道排气口应直接开向室外。 ③ 垃圾斗宜设在垃圾道前室内，前室门应采用丙级防火门。 ④ 垃圾斗应用不燃材料制作并能自动关闭。 **◆变形缝防火分隔** └→电线、电缆、可燃气体和甲、乙、丙类液体的管道穿过建筑内的变形缝时，应在穿过处加设不燃材料制作的套管或采取其他防变形措施，并应采用防火封堵材料封堵。 **◆管道空隙防火封堵** └→防烟、排烟、供暖、通风和空气调节系统中的管道及建筑内的其他管道，在穿越防火隔墙、楼板和防火分区处的孔隙应采用防火封堵材料封堵。 **◆防火墙** →防火墙应直接设置在基础或框架、梁等承重结构上，框架、梁等承重结构的耐火极限不应低于防火墙的耐火极限。 →防火墙横截面中心线水平距离天窗端面小于4m，且天窗端面为可燃性墙体时，应采取防止火势蔓延的措施。 →建筑外墙为难燃性或可燃性墙体时，防火墙应凸出墙的外表面0.4m以上，且防火墙两侧的外墙均应为宽度不小于2m的不燃性墙体，其耐火极限不应低于外墙的耐火极限。 →防火墙上不应开设门、窗、洞口，确需开设时，应设置不可开启或火灾时能自动关闭的甲级防火门、窗。 →建筑内的防火墙不宜设置在转角处，确需设置时，内转角两侧墙上的门、窗、洞口之间最近边缘的水平距离不应小于4m；采取设置乙级防火窗等防止火灾水平蔓延的措施时，该距离不限。 └→防火墙的构造应能在防火墙任意一侧的屋架、梁、楼板等受到火灾的影响而被破坏时，不会导致防火墙倒塌。

（续）

防火防烟分区与分隔

◆防火卷帘设置要求

→除中庭外，当防火分隔部位的宽度不大于 30m 时，防火卷帘的宽度不应大于 10m；当防火分隔部位的宽度大于 30m 时，防火卷帘的宽度不应大于该部位宽度的 1/3，且不应大于 20m。

→防火卷帘应具有火灾时靠自重自动关闭的功能；不应采用水平、侧向防火卷帘。

→除另有规定外，防火卷帘的耐火极限不应低于规范对所设置部位墙体的耐火极限要求。

→防火卷帘应具有防烟性能，与楼板、梁、墙、柱之间的空隙应采用防火封堵材料封堵。

→需在火灾时自动降落的防火卷帘，应具有信号反馈的功能。

→其他要求应符合《防火卷帘》（GB 14102—2005）的规定。

◆防火卷帘设置部位

→防火卷帘一般设置在电梯厅、自动扶梯周围，中庭与楼层走道、过厅相通的开口部位，生产车间中大面积工艺洞口以及设置防火墙有困难的部位等。

◆防火门的防火要求

→疏散通道上的防火门应向疏散方向开启，并在关闭后应能从任一侧手动开启。设置防火门的部位，一般为房间的疏散门或建筑某一区域的安全出口。

→除管井检修门和住宅的户门外，防火门应能自动关闭；双扇防火门应具有按顺序关闭的功能。

→除允许设置常开防火门的位置外，其他位置的防火门均应采用常闭防火门。

（续）

防火防烟分区与分隔

→为保证分区间的相互独立，设在变形缝附近的防火门，应设在楼层较多的一侧，并保证防火门开启时门扇不跨越变形缝，防止烟火通过变形缝蔓延。

→防火门关闭后应具有防烟性能。

→甲、乙、丙级防火门应符合《防火门》（GB 12955—2008）的规定。

◆防火窗

→固定窗扇防火窗不能开启，平时可以采光、遮挡风雨，发生火灾时可以阻止火势蔓延。

→活动窗扇防火窗能够开启和关闭，起火时可以自动关闭、阻止火势蔓延，开启后可以排除烟气，平时还可以采光和通风。

→防火窗的耐火极限与防火门相同。设置在防火墙、防火隔墙上的防火窗应采用不可开启的窗扇或具有火灾时能自行关闭的功能。

◆防火分隔水幕

→防火分隔水幕可以起到防火墙的作用，在某些需要设置防火墙或其他防火分隔物而无法设置的情况下，可采用防火水幕进行分隔。

→防火分隔水幕的设计应满足《自动喷水灭火系统设计规范》（GB 50084—2017）的相关要求。

◆防火阀的设置部位

→穿越防火分区处。

→穿越通风、空气调节机房的房间隔墙和楼板处。

→穿越重要或火灾危险性大的房间隔墙和楼板处。

→穿越防火分隔处的变形缝两侧。

→竖向风管与每层水平风管交接处的水平管段上。但当建筑内每个防火分区的通风、空气调节系统均独立设置时，水平风管与竖向总管的交接处可不设置防火阀。

（续）

防火防烟分区与分隔	→公共建筑的浴室、卫生间和厨房的竖向排风管，应采取防止回流措施或在支管上设置公称动作温度为70℃的防火阀。 →公共建筑内厨房的排油烟管道宜按防火分区设置，且在与竖向排风管连接的支管处应设置公称动作温度为150℃的防火阀。 **◆防火阀的设置要求** →防火阀宜靠近防火分隔处设置。 →防火阀暗装时，应在安装部位设置方便维护的检修口。 →在防火阀两侧各2.0m范围内的风管及其绝热材料应采用不燃材料。 →防火阀应符合《建筑通风和排烟系统用防火阀门》（GB 15930—2007）的规定。 **◆排烟防火阀** →在一定时间内能满足耐火稳定性和耐火完整性的要求，具有手动和自动功能。 →当管道内的烟气达到280℃时，排烟防火阀自动关闭。 →设置部位包括排烟管进入排风机房处，穿越防火分区的排烟管道上，排烟系统的支管上。 **◆防烟分区面积划分** →设置排烟系统的场所或部位应划分防烟分区。 →当空间净高小于或等于3m时，不应大于500m²。 →当空间净高大于3m、小于或等于6m时，不应大于1000m²。 →当空间净高大于6m、小于或等于9m时，不应大于2000m²。 →防烟分区应采用挡烟垂壁、隔墙、结构梁等划分。 →防烟分区不应跨越防火分区。 →每个防烟分区的建筑面积不宜超过规范要求。 →采用隔墙等形成封闭的分隔空间时，该空间宜作为一个防烟分区。

（续）

防火防烟分区与分隔	储烟仓高度不应小于空间净高的 10%，且不应小于 500mm，同时应保证疏散所需的清晰高度；最小清晰高度应由计算确定。 有特殊用途的场所应单独划分防烟分区。 设置排烟设施的建筑内，敞开楼梯和自动扶梯穿越楼板的开口部应设置挡烟垂壁等设施。 **◆防烟分区分隔措施——挡烟垂壁** 挡烟垂壁是用不燃材料制成，垂直安装在建筑顶棚、横梁或吊顶下，在火灾时能形成一定的蓄烟空间的挡烟分隔设施。 挡烟垂壁常设置在烟气扩散流动的路线上烟气控制区域的分界处，和排烟设备配合进行有效排烟。 其从顶棚下垂的高度一般应距顶棚面 50cm 以上，称为有效高度。 当室内发生火灾时，所产生的烟气由于浮力作用而积聚在顶棚下，只要烟层的厚度小于挡烟垂壁的有效高度，烟气就不会向其他场所扩散。 固定式挡烟垂壁是指固定安装的、能满足设定挡烟高度的挡烟垂壁。 活动式挡烟垂壁是指可从初始位置自动运行至挡烟工作位置，并满足设定挡烟高度的挡烟垂壁。 **◆防烟分区分隔措施——建筑横梁** 当建筑横梁的高度超过 50cm 时，该横梁可作为挡圈设施使用。 **◆防火分区划分的检查内容** 防火分区的建筑面积。 防火分隔的完整性。

（续）

防火防烟分区与分隔	内容
	◆建筑内中庭的检查内容 →防火分隔措施。 →消防设施的设置。 →中庭的使用功能。 **◆有顶棚步行街的检查内容** →步行街两侧建筑。 →两侧建筑的商铺。 →步行街的端部。 →步行街的顶棚。 →步行街的消防设施。 **◆电梯井和管道井等竖向井道的检查内容** →竖向井道设置。 →缝隙、孔洞的封堵。 **◆建筑外（幕）墙的检查内容** →外立面开口之间的防火措施。 →幕墙缝隙的封堵。 →消防救援口的设置。 **◆变形缝的检查内容** →变形缝的填充材料和变形缝的构造基层须采用不燃材料。 →变形缝内不宜设置电缆、电线、可燃气体和甲、乙、丙类液体的管道。确需穿过时，在穿过处加设不燃材料制作的套管或采取其他防变形措施，并采用防火封堵材料封堵。

（续）

防火防烟分区与分隔	**◆防烟分区设置的检查内容** →防烟分区的划分。 →防烟分区的面积。 **◆挡烟设施的检查内容** →其底部与顶部之间的垂直高度，要求不得小于500mm。 →主要对挡烟垂壁的外观、材料、尺寸与搭接宽度、控制运行性能等进行逐项检查。 **◆防火墙的检查内容** →防火墙的设置位置。 →防火墙墙体材料。 →穿越防火墙的管道。 →防火封堵的严密性。 **◆防火窗的检查内容** →防火窗的选型。 →防火窗的外观。 →防火窗的安装质量。 →防火窗的控制功能。 **◆防火卷帘的检查内容** →防火卷帘的设置部位。 →防火卷帘的选型。 →防火卷帘的外观。 →防火卷帘的安装质量。 →防火卷帘的系统功能。

(续)

防火防烟分区与分隔	◆防火阀的检查内容 →防火阀的外观。 →防火阀的安装位置。 →防火阀的公称动作温度。 →防火阀的控制功能。 ◆排烟防火阀的检查内容 →参照防火阀的检查内容和方法。 ◆防火隔间的检查内容 →建筑面积不应小于 $6m^2$。 →防火隔间墙应采用耐火极限不低于 3.00h 的防火隔墙，门应采用甲级防火门；不同防火分区通向防火隔间的门最小间距不应小于 4m。 →内部装修材料的燃烧性能等级均应为 A 级。 →只能用于相邻两个独立使用场所的人员相互通行，不得用于除人员通行外的其他用途。

(4) 安全疏散

安全疏散	◆安全疏散基本参数 →人员密度计算。 →疏散宽度指标。 →疏散距离指标。 ◆疏散楼梯的平面布置 →疏散楼梯宜设置在标准层（或防火分区）的两端。 →疏散楼梯宜靠近电梯设置。 →疏散楼梯宜靠外墙设置。

（续）

安全疏散	**◆疏散楼梯的竖向布置** →疏散楼梯应保持上、下畅通。 →应避免不同的人流路线相互交叉。 **◆疏散门** →疏散门应向疏散方向开启，但人数不超过60人的房间且每樘门的平均疏散人数不超过30人时，其门的开启方向不限（除甲、乙类生产车间外）。 →民用建筑及厂房的疏散门应采用向疏散方向开启的平开门，不应采用推拉门、卷帘门、吊门、转门和折叠门。但丙、丁、戊类仓库首层靠墙的外侧可采用推拉门或卷帘门。 →当开向疏散楼梯或疏散楼梯间的门完全开启时，不应减小楼梯平台的有效宽度。 →人员密集场所内平时需要控制人员随意出入的疏散门和设置门禁系统的住宅、宿舍、公寓建筑的外门，应保证火灾时不需使用钥匙等任何工具就能从内部易于打开，并应在显著位置设置具有使用提示的标识。 →人员密集的公共场所、观众厅的入场门、疏散出口不应设置门槛，且紧靠门口内外各1.4m范围内不应设置台阶，疏散门应为推闩式外开门。 →高层建筑直通室外的安全出口上方，应设置挑出宽度不小于1m的防护挑檐。 **◆安全出口设置的基本要求** →建筑内的安全出口和疏散门应分散布置，公共建筑内的每个防火分区或一个防火分区的每个楼层，其安全出口应经计算确定，且不应少于2个。

（续）

安全疏散	→建筑内每个防火分区或一个分区的每个楼层、每个住宅单元每层相邻 2 个安全出口以及每个房间相邻 2 个疏散门最近边缘之间的水平距离不应小于 5m。 →可利用通向相邻防火分区的甲级防火门作为安全出口的条件： ① 应采用防火墙与相邻防火分区进行分隔。 ② 建筑面积大于 $1000m^2$ 的防火分区，直通室外的安全出口数量不应少于 2 个；建筑面积小于或等于 $1000m^2$ 的防火分区，直通室外的安全出口数量不应少于 1 个。 ③ 该防火分区通向相邻防火分区的疏散净宽度，不应大于计算所需总净宽度的 30%。 **◆公共建筑可设置 1 个安全出口的条件** →除托儿所、幼儿园外，建筑面积不大于 $200m^2$ 且人数不超过 50 人的单层建筑或多层建筑的首层。 →除医疗建筑，老年人照料设施，托儿所、幼儿园的儿童用房，儿童游乐厅等儿童活动场所和歌舞娱乐放映游艺场所等外，符合下列规定的 2、3 层建筑： ① 耐火等级为一、二级；不超过 3 层；每层最大允许建筑面积为 $200m^2$；第 2 层和第 3 层的人数之和不超过 50 人。 ② 耐火等级为三级：不超过 3 层；每层最大允许建筑面积为 $200m^2$；第 2 层和第 3 层的人数之和不超过 25 人。 ③ 耐火等级为四级：不超过 2 层；每层最大允许建筑面积为 $200m^2$；第 2 层人数不超过 15 人。 →一、二级耐火等级多层公共建筑，当设置不少于 2 部疏散楼梯且顶层局部升高层数不超过 2 层、人数之和不超过 50 人、每层建筑面积不大于 $200m^2$ 时，该局部高出部位可设置一部与下部主体建筑楼梯间直接连通的疏散楼梯，但至少应另设置一个直通主体建筑上人平屋面的安全出口。

（续）

安全疏散	◆住宅建筑安全出口的设置要求 →建筑高度不大于27m的建筑，当每个单元任一层的建筑面积大于650m²，或任一户门至最近安全出口的距离大于15m时，每个单元每层的安全出口不应少于2个。 →建筑高度大于27m、不大于54m的建筑，当每个单元任一层的建筑面积大于650m²，或任一户门至最近安全出口的距离大于10m时，每个单元每层的安全出口不应少于2个。 →建筑高度大于54m的建筑，每个单元每层的安全出口不应少于2个。 →建筑高度大于27m，但不大于54m的住宅建筑，每个单元设置一座疏散楼梯时，疏散楼梯应通至屋面，且单元之间的疏散楼梯应能通过屋面连通，户门应采用乙级防火门。 →当不能通至屋面或不能通过屋面连通时，应设置2个安全出口。 ◆厂房、仓库安全出口设置的一般要求 →厂房、仓库的安全出口应分散布置。 →每个防火分区、1个防火分区的每个楼层，相邻2个安全出口最近边缘之间的水平距离不应小于5m。 ◆厂房、仓库可设置1个安全出口的条件 →甲类厂房，每层建筑面积不超过100m²，且同一时间的生产人数不超过5人。 →乙类厂房，每层建筑面积不超过150m²，且同一时间的生产人数不超过10人。 →丙类厂房，每层建筑面积不超过250m²，且同一时间的生产人数不超过20人。 →丁、戊类厂房，每层建筑面积不超过400m²，且同一时间内的生产人数不超过30人。

（续）

安全疏散	→地下、半地下厂房或厂房的地下室、半地下室，其建筑面积不大于 50m² 且经常停留人数不超过 15 人。 →一座仓库的占地面积不大于 300m² 或防火分区的建筑面积不大于 100m²。 →地下、半地下仓库或仓库的地下室、半地下室，建筑面积不大于 100m²。 **◆疏散出口设置的基本要求** →建筑内的安全出口和疏散门应分散布置，并应符合双向疏散的要求。 →公共建筑内各房间疏散门的数量应经计算确定且不应少于 2 个，每个房间相邻 2 个疏散门最近边缘之间的水平距离不应小于 5m。 →对于一些人员密集的场所，如剧场、电影院和礼堂的观众厅，其疏散出口数目应经计算确定，且不应少于 2 个。 →为保证安全疏散，应控制通过每个安全出口的人数，即每个疏散出口的平均疏散人数不应超过 250 人；当容纳人数超过 2000 人时，其超过 2000 人的部分，每个疏散出口的平均疏散人数不应超过 400 人。 →体育馆的观众厅，其疏散出口数目应经计算确定，且不应少于 2 个，每个疏散出口的平均疏散人数不宜超过 400~700 人。 **◆可设置 1 个疏散门的条件** →除托儿所、幼儿园、老年人照料设施、医疗建筑、教学建筑内位于走道尽端的房间外。 →位于 2 个安全出口之间或袋形走道两侧的房间，对于托儿所、幼儿园、老年人照料设施，建筑面积不大于 50m²；对于医疗建筑、教学建筑，建筑面积不大于 75m²；对于其他建筑或场所，建筑面积不大于 120m²。

（续）

<table>
<tr><td rowspan="2">安全疏散</td><td>→位于走道尽端的房间，建筑面积小于 50m² 且疏散门的净宽度不小于 0.9m，或由房间内任一点至疏散门的直线距离不大于 15m、建筑面积不大于 200m² 且疏散门的净宽度不小于 1.4m。
→歌舞娱乐放映游艺场所内建筑面积不大于 50m² 且经常停留人数不超过 15 人的厅、室或房间。
→建筑面积不大于 200m² 的地下或半地下设备间；建筑面积不大于 50m² 且经常停留人数不超过 15 人的其他地下或半地下房间。</td></tr>
<tr><td>◆疏散走道设置的基本要求
→走道应简捷，并按规定设置疏散指示标识和诱导灯。
→在 1.8m 高度内不宜设置管道、门垛等凸出物，走道中的门应向疏散方向开启。
→尽量避免设置袋形走道。
→疏散走道与办公建筑的走道最小净宽应满足要求。
→疏散走道在防火分区处应设置常开甲级防火门。
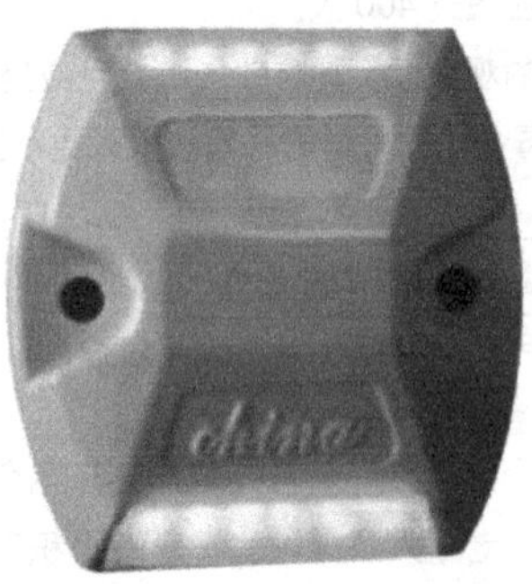
诱导灯</td></tr>
</table>

（续）

安全疏散

◆避难走道的设置要求

- 避难走道楼板的耐火极限不应低于 1.50h。
- 避难走道直通地面的出口不应少于 2 个，并应设置在不同方向；当走道仅与 1 个防火分区相通且该防火分区至少有 1 个直通室外的安全出口时，可设置 1 个直通地面的出口。
- 任一防火分区通向避难走道的门至该避难走道最近直通地面的出口距离不应大于 60m。
- 避难走道的净宽度不应小于任一防火分区通向该避难走道的设计疏散总净宽度。
- 避难走道内部装修材料的燃烧性能等级应为 A 级。
- 防火分区至避难走道入口处应设置防烟前室，前室的使用面积不应小于 $6m^2$，开向前室的门应采用甲级防火门，前室开向避难走道的门应采用乙级防火门。
- 避难走道内应设置消火栓、消防应急照明、应急广播和消防专线电话。

◆疏散楼梯间的一般要求

- 楼梯间应能天然采光和自然通风，并宜靠外墙设置。靠外墙设置时，楼梯间、前室及合用前室外墙上的窗口与两侧门、窗、洞口最近边缘之间的水平距离不应小于 1m。
- 楼梯间内不应设置烧水间、可燃材料储藏室、垃圾道。
- 楼梯间内不应有影响疏散的凸出物或其他障碍物。
- 封闭楼梯间、防烟楼梯间及其前室，不应设置卷帘。
- 楼梯间内不应设置甲、乙、丙类液体的管道。
- 除通向避难层错位的疏散楼梯外，建筑中的疏散楼梯间在各层的平面位置不应改变。
- 用作丁、戊类厂房内第二安全出口的楼梯可采用金属梯，但净宽度不应小于 0.9m，倾斜角度不应大于 45°。

（续）

安全疏散	→疏散用楼梯和疏散通道上的阶梯不宜采用螺旋楼梯和扇形踏步；确需采用时，踏步上、下两级所形成的平面角度不应大于10°，且每级离扶手250mm处的踏步深度不应小于220mm。 →高度大于10m的三级耐火等级建筑应设置通至屋顶的室外消防梯。 →室外消防梯不应面对老虎窗，宽度不应小于0.6m，且宜从离地面3m的高处设置。 →除住宅建筑套内的自用楼梯外，地下、半地下室与地上层不应共用楼梯间，必须共用楼梯间时，在首层应采用耐火极限不低于2.00h的防火隔墙和乙级防火门将地下、半地下部分与地上部分的连通部位完全分隔，并应有明显标识。  老虎窗 **◆敞开楼梯间** →敞开楼梯间是低、多层建筑常用的基本形式。 →该楼梯的典型特征是楼梯与走廊或大厅直接相通，未进行分隔，在发生火灾时不能阻挡烟气进入，而且可能成为向其他楼层蔓延的主要通道。 →敞开楼梯间安全可靠程度不大，但使用方便，适用于低、多层的住宅建筑和公共建筑中。

（续）

安全疏散

◆封闭楼梯间的适用范围

→医疗建筑、旅馆及类似使用功能的建筑。

→设置歌舞娱乐放映游艺场所的建筑。

→商店、图书馆、展览建筑、会议中心及类似使用功能的建筑。

→6 层及以上的其他建筑。

→老年人照料设施的室内疏散楼梯不能与敞开式外廊直接连通的应采用封闭楼梯间。

→高层建筑的裙房、建筑高度不超过 32m 的二类高层建筑、建筑高度大于 21m 且不大于 33m 的住宅建筑，其疏散楼梯间应采用封闭楼梯间，当住宅建筑的户门为乙级防火门时，可不设置封闭楼梯间。

→高层厂房和甲、乙、丙类多层厂房的疏散楼梯应采用封闭楼梯间或室外楼梯。

◆封闭楼梯间的设置要求

→不能自然通风或自然通风不能满足要求时，应设置机械加压送风系统或采用防烟楼梯间。

→除楼梯间的出入口和外窗外，楼梯间的墙上不应开设其他门、窗、洞口。

→高层建筑、人员密集的公共建筑、人员密集的多层丙类厂房，以及甲、乙类厂房，其封闭楼梯间的门应采用乙级防火门，并应向疏散方向开启；其他建筑可采用双向弹簧门。

→楼梯间的首层可将走道和门厅等包括在楼梯间内形成扩大的封闭楼梯间，但应采用乙级防火门等与其他走道和房间分隔。

◆防烟楼梯间的适用范围

→一类高层公共建筑及建筑高度大于 32m 的二类高层公共建筑。

→建筑高度大于 33m 的住宅建筑。

（续）

安全疏散	→建筑高度大于32m且任一层人数超过10人的高层厂房。 →当地下层数为3层及3层以上，以及地下室内地面与室外出入口地坪高差大于10m时。 →建筑高度大于24m的老年人照料设施。 →采用剪刀楼梯间的高层公共建筑。 **◆防烟楼梯间的设置要求** →当不能天然采光和自然通风时，楼梯间应按规定设置防烟设施。 →在楼梯间入口处应设置防烟前室、开敞式阳台或凹廊等。前室可与消防电梯间的前室合用。 →前室的使用面积：公共建筑、高层厂房（仓库）不应小于$6m^2$，住宅建筑不应小于$4.5m^2$。合用前室的使用面积：公共建筑、高层厂房以及高层仓库不应小于$10m^2$，住宅建筑不应小于$6m^2$。 →疏散走道通向前室以及前室通向楼梯间的门应采用乙级防火门，并应向疏散方向开启。 →除楼梯间和前室的出入口、楼梯间和前室内设置的正压送风口和住宅建筑的楼梯间前室外，防烟楼梯间及其前室的内墙上不应开设其他门、窗、洞口。 →楼梯间的首层可将走道和门厅等包括在楼梯间前室内，形成扩大的前室，但应采用乙级防火门等与其他走道和房间分隔。 →建筑高度大于32m的老年人照料设施，宜在32m以上部分增设能连通老年人居室和公共活动场所的连廊，各层连廊应直接与疏散楼梯、安全出口或室外避难场地连通。 **◆室外疏散楼梯的适用范围** →甲、乙、丙类厂房。 →建筑高度大于32m且任一层人数超过10人的厂房。 →辅助防烟楼梯。

(续)

安全疏散

◆室外疏散楼梯的构造要求

- 栏杆扶手的高度不应小于 1.1m，楼梯的净宽度不应小于 0.9m。
- 倾斜度不应大于 45°。
- 楼梯和疏散出口平台均应采取不燃材料制作。平台的耐火极限不应低于 1.00h，楼梯段的耐火极限不应低于 0.25h。
- 通向室外楼梯的门应采用乙级防火门，并应向外开启；门开启时，不得占用楼梯平台的有效宽度。
- 除疏散门外，楼梯周围 2m 内的墙面上不应设置其他门、窗、洞口。疏散门不应正对梯段。
- 高度大于 10m 的三级耐火等级建筑应设置通至屋顶的室外消防梯。室外消防梯不应面对老虎窗，宽度不应小于 0.6m，且宜从离地面 3m 高处设置。

◆剪刀楼梯

- 住宅单元和高层公共建筑的疏散楼梯，当分散设置确有困难，且任一户门或从任一疏散门至最近疏散楼梯间入口的距离不大于 10m 时，可采用剪刀楼梯间。
- 剪刀楼梯应具有良好的防火、防烟能力，应采用防烟楼梯间，并分别设置前室。
- 为确保剪刀楼梯两条疏散通道的功能，其梯段之间应设置耐火极限不低于 1.00h 的实体墙分隔。
- 楼梯间的前室应分别设置。

◆避难层的设置条件及避难人员面积指标

- 建筑高度超过 100m 的公共建筑和住宅建筑应设置避难层。
- 避难层的净面积应能满足设计避难人数避难的要求，宜按 5 人/m^2 计算。

（续）

<table>
<tr>
<td>安全疏散</td>
<td>

◆避难层的设置数量

→根据目前国内主要配备的50m高云梯车的操作要求，规范规定从首层到第一个避难层之间的高度不应大于50m，以便火灾时可将停留在避难层的人员用云梯救援下来。

→结合各种机电设备及管道等所在设备层的布置需要和使用管理，以及普通人爬楼梯的体力消耗情况，两个避难层之间的高度不应大于50m。

◆避难层的防火构造要求

→为保证避难层具有较长时间抵抗火烧的能力，避难层的楼板宜采用现浇钢筋混凝土楼板，其耐火极限不应低于2.00h。

→为保证避难层下部楼层起火时不致使避难层地面温度过高，在楼板上宜设隔热层。

→避难层四周的墙体及避难层内的隔墙，其耐火极限不应低于3.00h，隔墙上的门应采用甲级防火门。

→避难层可与设备层结合布置。在设计时应注意的是，各种设备、管道竖井应集中布置，分隔成间，既方便设备的维护管理，又可使避难层的面积完整。

◆避难层的安全疏散

→为保证避难层在建筑物起火时能正常发挥作用，避难层应至少有两个不同的疏散方向。

→通向避难层的疏散楼梯应在避难层分隔、同层错位或上下层断开，这样楼梯间里的人都要经过避难层才能上楼或下楼，为疏散人员提供了继续疏散还是停留避难的选择机会。

→上、下层楼梯间不能相互贯通，减弱了楼梯间的烟囱效应。楼梯间的门宜向避难层开启，在避难层进入楼梯间的入口处应设置明显的指示标识。

</td>
</tr>
</table>

（续）

安全疏散	→为了保障人员安全，消除或减轻人们的恐惧心理，在避难层应设应急照明，其备用电源的连续供电时间对建筑高度大于100m的民用建筑，不应小于1.5h，照度不应低于3.0lx。 →除避难间外，避难层应设置消防电梯出口。消防电梯是供消防救援人员灭火和救援使用的设施，在避难层必须停靠；而普通电梯因不能阻挡烟气进入，则严禁在避难层开设电梯门。 **◆通风与防烟排烟系统** →避难层应设置直接对外的可开启窗口或独立的机械防烟设施，外窗应采用乙级防火窗。 **◆灭火设施** →为了扑救超高层建筑及避难层的火灾，在避难层应配置消火栓和消防软管卷盘。 **◆消防专线电话和应急广播设备** →避难层在火灾时停留为数众多的避难者，为了及时和防灾中心及地面消防救援队互通信息，避难层应设有消防专线电话和应急广播。 **◆避难间的设置部位** →3层及3层以上总建筑面积大于3000m²（包括设置在其他建筑内3层及以上楼层）的老年人照料设施，应在2层及以上各层老年人照料设施部分的每座疏散楼梯间的相邻部位设置1间避难间。 →当老年人照料设施设置于疏散楼梯或安全出口直接连通的开敞式外廊、与疏散走道直接连通且符合人员避难要求的室外平台等时，可不设置避难间。 →高层病房楼应在2层及以上病房楼层和洁净手术部设置避难间。

（续）

<table>
<tr><td>安全疏散</td><td>

◆避难间的设置要求

→设在高层病房楼避难间服务的护理单元不应超过 2 个，其净面积应按每个护理单元不小于 25m² 确定。设在老年人照料设施的避难间内可供避难的净面积不应小于 12m²，可利用疏散楼梯间的前室或消防电梯的前室。

→避难间兼作其他用途时，应保证人员的避难安全，且不得减少可供避难的净面积。

→应靠近楼梯间，并应采用耐火极限不低于 2.00h 的防火隔墙和甲级防火门与其他部位分隔。

→应设置消防专线电话和消防应急广播。

→避难间的入口处应设置明显的指示标识。

→应设置直接对外的可开启窗口或独立的机械防烟设施，外窗应采用乙级防火窗。

→建筑高度大于 54m 的住宅建筑，每户应有一间房间靠外墙设置，并应设置可开启外窗。

→其内、外墙体的耐火极限不应低于 1.00h；该房间的门宜采用乙级防火门，外窗的耐火完整性不低于 1.00h。

◆避难袋

→避难袋的构造有 3 层：最外层由玻璃纤维制成，可耐 800℃的高温；中间层为弹性制动层，束缚下滑的人体和控制下滑的速度；内层张力大而柔软，使人体以舒适的速度向下滑降。

→避难袋可用在建筑物内部，也可用于建筑物外部。

→用于建筑内部时，避难袋设于防火竖井内，人员打开防火门进入按层分段设置的袋中，即可滑到下一层或下几层。

→用于建筑外部时，装设在低层建筑窗口处的固定设施内，失火后将其取出向窗外打开，通过避难袋滑到室外地面。

</td></tr>
</table>

（续）

安全疏散	**◆缓降器** →缓降器由摩擦棒、套筒、自救绳和绳盒等组成，无须其他动力，通过制动机构控制缓降绳索的下降速度，让使用者在保持一定速度平衡的前提下，安全地缓降至地面。 →有的缓降器用阻燃套袋替代传统的安全带，这种阻燃套袋可以将逃生人员的全身（包括头部）保护起来，以阻挡热辐射，并降低逃生人员下视地面的恐高心理。 →缓降器根据自救绳的长度分为 3 种规格：绳长为 38m 的缓降器适用于 6~10 层；绳长为 53m 的缓降器适用于 11~16 层；绳长为 74m 的缓降器适用于 16~20 层。 →使用缓降器时将自救绳和安全钩牢固地系在楼内的固定物上，把垫子放在绳子和楼房结构中间，以防自救绳磨损。 →疏散人员穿戴好安全带和防护手套后，携带好自救绳盒或将盒子抛到楼下，将安全带和缓降器的安全钩挂牢；然后一只手握套筒，另一只手拉住由缓降器下引出的自救绳开始下滑。 →可用放松或拉紧自救绳的方法控制速度，放松为正常下滑速度，拉紧为减速直到停止。第一个人滑到地面后，第二个人方可开始使用。  缓降器

（续）

安全疏散	**◆避难滑梯** →避难滑梯是一种非常适合病房楼建筑的辅助疏散设施。 →当发生火灾时，病房楼中的伤病员、孕妇等行动缓慢的病人可在医护人员的帮助下，由外连通阳台进入避难滑梯，靠重力下滑到室外地面或安全区域从而逃生。 →避难滑梯是一种螺旋形的滑道，节省占地，简便易用，安全可靠，外观别致，能适应各种高度的建筑物，是高层病房楼理想的安全疏散辅助设施。 **◆室外疏散救援舱** →室外疏散救援舱由平时折叠存放在屋顶的一个或多个逃生救援舱和外墙安装的滑轨两部分组成。 →发生火灾时，专业人员用安装在屋顶的绞车将展开后的逃生救援舱引入建筑外墙安装的滑轨，逃生救援舱可以同时与多个楼层走道的窗口对接，将高层建筑内的被困人员送到地面，在上升时又可将消防救援人员送到建筑内。 →室外疏散救援舱比缩放式滑道和缓降器复杂，一次性投资较大，需要由受过专门训练的人员使用和控制，而且需要定期维护、保养和检查，作为其动力的屋顶绞车必须有可靠的动力保障。 **◆缩放式滑道** →采用耐磨、阻燃的尼龙材料和高强度金属圈骨架制作成的缩放式滑道，发生火灾时可打开释放到地面，并将末端固定在地面事先确定的锚固点，被困人员依次进入后滑降到地面。 →在紧急情况下，也可以用云梯车在贴近高层建筑被困人员所处的窗口展开，甚至可以用直升机投放到高层建筑的屋顶，由消防救援人员展开后疏散屋顶的被困人员。 →关键指标是合理设置下滑角度，有效控制下滑速度。

(续)

安全疏散	 救生滑道（缩放式滑道） **◆简易防毒面具** →供失能老年人使用且层数大于2层的老年人照料设施，应按核定使用人数配备简易防毒面具。 **◆安全出口的检查内容** →安全出口的形式。 →安全出口的数量。 →安全出口的宽度。 →安全出口的间距。 →安全出口的畅通性。 **◆疏散门的检查内容** →疏散门的数量。 →疏散门的宽度。 →疏散门的形式。 →疏散门的间距。 →疏散门的畅通性。

（续）

<table>
<tr><td rowspan="4">安全疏散</td><td>

◆安全疏散距离的检查内容

→建筑内全部设置自动喷水灭火系统时，安全疏散距离可按规定增加25%。
→建筑内开向敞开式外廊的房间，疏散门至最近安全出口的距离可按规定增加5m。
→直通疏散走道的房间疏散门至最近敞开楼梯间的距离，当房间位于两个楼梯间之间时，应按规定减少5m；当房间位于袋形走道两侧或尽端时，应按规定减少2m。
→对于一些机场候机楼的候机厅、展览建筑的展览厅等有特殊功能要求的区域，其疏散距离在最大限度地提高建筑消防安全水平并进行充分论证的基础上，可以适当放宽。

</td></tr>
<tr><td>

◆疏散走道的检查内容

→疏散走道的宽度。
→疏散距离。
→疏散走道的畅通性。
→疏散走道与其他部位的分隔。
→疏散走道的装修材料。

</td></tr>
<tr><td>

◆避难走道的检查内容

→避难走道直通地面的出口数量。
→避难走道的净宽度。
→避难走道入口处的前室。
→避难走道消防设施的设置。
→避难走道的装修材料。

</td></tr>
<tr><td>

◆疏散楼梯间的检查内容

→疏散楼梯间的设置形式。
→疏散楼梯间的平面布置。

</td></tr>
</table>

（续）

安全疏散	→疏散楼梯间的净宽度。 →疏散楼梯间的安全性。 **◆避难层（间）的检查内容** →从首层到第一个避难层（间）之间的高度不应大于 50m。 →两个避难层（间）之间的高度以不大于 50m 为宜。 →避难层（间）的净面积应能满足设计避难人数避难的要求，并宜按 5 人/m^2 计算。 →通向避难层（间）的疏散楼梯应在避难层分隔、同层错位或上下层断开，人员均须经避难层方能上下。 →避难层（间）应设置消防电梯出口、消防专线电话和应急广播、消火栓和消防卷盘、防烟设施。 →在避难层（间）进入楼梯间的入口处和疏散楼梯通向避难层（间）的出口处，应设置明显的指示标识。 **◆病房楼避难间的检查内容** →避难间位置应靠近楼梯间并应采用耐火极限不低于 2. 00h 的防火隔墙和甲级防火门与其他部位分隔；服务的护理单元不得超过 2 个。 →避难间可以利用平时使用的房间，如利用每层的监护室，也可以利用电梯前室，但合用前室不宜作为避难间，以防病床影响人员通过楼梯疏散。 →避难间的净面积应能满足设计避难人员避难的要求，并按每个护理单元不小于 25m^2 确定。 →当避难间兼作其他用途时，须保证其避难安全和可供避难的净面积不变。 →避难间入口应设置明显的指示标识。 →避难间应设置直接对外的可开启窗口或独立的机械防烟设施、消防专线电话和消防应急广播，外窗采用乙级防火窗。

（续）

<table>
<tr><td>安全疏散</td><td>

◆老年人照料设施避难间的检查内容

→设置数量。
→设置位置。
→可供避难的净面积。
→设施配置。

◆下沉式广场等室外开敞空间的检查内容

→室外开敞空间的规模。
→广场直通地面的疏散楼梯。
→广场防风雨篷。
→使用功能。

</td></tr>
</table>

（5）建筑防爆

<table>
<tr><td>建筑防爆</td><td>

◆防爆原则

→控制可燃物和助燃物浓度、温度、压力及混触条件，避免物料处于燃爆的危险状态。
→消除一切足以引起起火爆炸的点火源。
→采取各种阻隔手段，阻止火灾爆炸事故的扩大。

◆预防性技术措施——排除能引起爆炸的各类可燃物质

→在生产过程中尽量不用或少用具有爆炸危险的各类可燃物质。
→生产设备应尽可能保持密闭状态，防止“跑、冒、滴、漏”。
→加强通风除尘。
→预防可燃气体或易挥发性液体泄漏，设置可燃气体浓度报警装置。
→利用惰性介质进行保护。
→防止可燃粉尘、可燃气体积聚。

</td></tr>
</table>

（续）

建筑防爆

◆预防性技术措施——消除或控制能引起爆炸的各种火源

→防止撞击、摩擦产生火花。

→防止高温表面成为点火源。

→加强通风除尘。

→防止电气故障。

→消除静电火花。

→防雷电火花。

→防止明火。

◆减轻性技术措施

→采取泄压措施：

在建筑围护结构设计中设置一些泄压口或泄压面，当爆炸发生时，这些泄压口或泄压面首先被破坏，使高温高压气体得以泄放，从而降低爆炸压力，使主要承重或受力结构不发生破坏。

→采用抗爆性能良好的建筑结构：

加强建筑结构主体的强度和刚度，使其在爆炸中足以抵抗爆炸冲击而不倒塌。

→采取合理的建筑布置：

在建筑设计时，根据建筑生产、储存的爆炸危险性，在总平面布局和平面布置上合理设计，尽量减小爆炸的作用范围。

◆爆炸危险区域的等级

→0 级区域（简称 0 区）。在正常运行情况下，爆炸性气体混合物连续出现或长期出现的环境。正常运行状态是指正常的开车、运转、停车，可燃物质产品的装卸，密闭容器盖的开闭，安全阀、排放阀以及所有工厂设备都在其设计参数范围内工作的状态。非正常运行状况是指有可能发生设备故障、误操作或运行环境参数发生改变的状况。

（续）

<table>
<tr><td>建筑防爆</td><td>

→1 级区域（简称1 区）。在正常运行时可能出现爆炸性气体混合物的环境。

→2 级区域（简称 2 区）。在正常运行时不太可能出现爆炸性气体混合物的环境，或即使出现也仅是短时存在的爆炸性气体混合物的环境。

◆爆炸性粉尘环境危险区域等级

→20 区。空气中的可燃性粉尘云持续地、长期地或频繁地出现于爆炸性环境中。

→21 区。在正常运行时，空气中的可燃性粉尘云很可能偶尔出现于爆炸性环境中。

→22 区。在正常运行时，空气中的可燃性粉尘云一般不可能出现于爆炸性粉尘环境中，即使出现持续时间也是短暂的。

◆爆炸性气体环境危险区域划分——按释放源的级别划分

→存在连续级释放源的区域可划为 0 区。连续级释放源是指连续释放或预计长期释放的释放源。类似下列情况的，可划为连续级释放源：

① 没有用惰性气体覆盖的固定顶储罐中的可燃液体的表面。

② 油、水分离器等直接与空间接触的可燃液体的表面。

③ 经常或长期向空间释放可燃气体或可燃液体蒸气的排气孔和其他孔口。

→存在一级释放源的区域可划为 1 区。一级释放源是指在正常运行时，预计可能周期性或偶尔释放的释放源。类似下列情况的，可划为一级释放源：

① 在正常运行时，会释放可燃物质的泵、压缩机和阀门等的密封处。

② 储存有可燃液体的容器上的排水口处，在正常运行中，当水排掉时，该处可能会向空间中释放可燃物质。

</td></tr>
</table>

（续）

建筑防爆	③ 正常运行时，会向空间释放可燃气体或蒸气的取样点。 存在二级释放源的区域可划为 2 区。二级释放源是指在正常运行时，预计不会释放，或者当出现释放时，仅是偶尔和短期释放的释放源。类似下列情况的，可划为二级释放源： ① 正常运行时不能释放可燃气体或蒸气的泵、压缩机和阀门的密封处。 ② 正常运行时不能释放可燃气体或蒸气的法兰、连接件和管道接头。 ③ 正常运行时不能向空间释放可燃气体或蒸气的安全阀、排气孔和其他孔口处。 ④ 正常运行时不能向空间释放可燃气体或蒸气的取样点。  **法兰** **◆爆炸性气体环境危险区域划分——根据通风条件调整区域** 当通风良好时，应降低爆炸危险区域等级（爆炸危险区域内的通风，其空气流量能使可燃物质很快稀释到爆炸下限值的 25% 以下时，可定为通风良好）；当通风不良时，应提高爆炸危险区域等级。

（续）

建筑防爆	→局部机械通风在降低爆炸性气体混合物浓度方面比自然通风和一般机械通风更为有效时，可采用局部机械通风降低爆炸危险区域等级。 →在障碍物、凹坑和死角处，应局部提高爆炸危险区域等级。 →利用堤或墙等障碍物，限制比空气重的爆炸性气体混合物的扩散，可缩小爆炸危险区域的范围。 **◆爆炸性粉尘环境危险区域划分** →对于爆炸性粉尘环境，其危险区域的划分应按爆炸性粉尘的数量、爆炸极限和通风条件确定。 **◆爆炸危险性厂房、库房的布置——总平面布局** →有爆炸危险的甲、乙类厂房和库房宜独立设置，并宜采用敞开或半敞开式，其承重结构宜采用钢筋混凝土或钢框架、排架结构。 →有爆炸危险的厂房和库房与周围建筑物、构筑物应保持一定的防火间距。 →有爆炸危险的厂房平面布置最好采用矩形，与主导风向宜垂直或夹角不小于45°，以有效利用穿堂风吹散爆炸性气体，在山区宜布置在迎风山坡一面且通风良好的地方。 →有爆炸危险的厂房必须与无爆炸危险的厂房贴邻时，只能一面贴邻，并在两者之间用防火墙或防爆墙隔开。相邻两个厂房之间不应直接有门相通，以避免爆炸冲击波的影响。 **◆爆炸危险性厂房、库房的布置——地下、半地下室** →有爆炸危险的甲、乙类生产场所不应设置在地下或半地下。 →有爆炸危险的甲、乙类仓库不应设置在地下或半地下。

（续）

建筑防爆

◆爆炸危险性厂房、库房的布置——中间仓库

- 厂房内设置甲、乙类中间仓库时，其储量不宜超过一昼夜的需要量。
- 甲、乙类中间仓库应靠外墙布置，并应采用防火墙或防爆墙和耐火极限不低于 1.50h 的不燃性楼板与其他部位分隔，中间仓库最好设置直通室外的出口。

◆爆炸危险性厂房、库房的布置——办公室、休息室

- 甲、乙类厂房内不应设置办公室、休息室。
- 当办公室、休息室必须与本厂房贴邻建造时，其耐火等级不应低于二级，应采用耐火极限不低于 3.00h 的防爆墙隔开并设置独立的安全出口。
- 甲、乙类仓库内严禁设置办公室、休息室等，并不应贴邻建造。
- 要采用有一定抗爆强度的防爆墙。

◆爆炸危险性厂房、库房的布置——变、配电站

- 甲、乙类厂房属易燃易爆场所，运行中的变压器存在燃烧或爆裂的可能，不应将变、配电站设在有爆炸危险的甲、乙类厂房内或贴邻建造，且不应设置在具有爆炸性气体、粉尘环境的危险区域内。
- 如果生产上确有需要，允许在厂房的一面外墙贴邻建造专为甲类或乙类厂房服务的 10kV 及以下的变、配电站，但应用无门、窗、洞口的防火墙隔开。
- 对乙类厂房的配电所，如氨压缩机房的配电站，为观察设备、仪表运转情况，需要设观察窗，允许在配电站的防火墙上设置采用不燃材料制作且不能开启的甲级防火窗。

（续）

建筑防爆	◆爆炸危险性厂房、库房的布置——总控制室与分控制室 →为了保障人员、设备仪表的安全和生产的连续性，有爆炸危险的甲、乙类厂房的总控制室，应在爆炸危险区外独立设置。 →有爆炸危险的甲、乙类厂房的分控制室在受条件限制时可与厂房贴邻建造，但必须靠外墙设置，并采用耐火极限不低于3.00h的防火隔墙与其他部分隔开，在面向爆炸危险区域一侧应采用防爆墙。 →对于不同生产工艺或生产车间，甲、乙类厂房内各部位的实际火灾危险性可能存在较大差异，对于贴邻建造且可能受到爆炸作用的分控制室，除对分隔墙体有耐火性能要求外，还需要考虑控制室的抗爆要求，即墙体还需采用防爆墙。 ◆爆炸危险性厂房、库房的布置——有爆炸危险的部位 →有爆炸危险的甲、乙类生产部位，宜设置在单层厂房靠外墙的泄压设施或多层厂房顶层靠外墙的泄压设施附近。 →有爆炸危险的设备宜避开厂房的梁、柱等主要承重构件布置。 →有爆炸危险的设备应尽量放在靠近外墙靠窗的位置或设置在露天，以减弱其破坏力。 →单层厂房中如某一部分用于有爆炸危险的甲、乙类生产，要求甲、乙类生产部位靠外墙设置。 →防爆房间尽量靠外墙布置，这样泄压面积容易解决，也便于灭火救援。 →多层厂房中某一部分或某一层为有爆炸危险的甲、乙类生产时，将其设置在最上一层靠外墙的部位。 →在厂房中，有爆炸危险的车间和其他危险性小的车间之间，应用防火墙隔开。 →生产、使用或储存相同爆炸物品的房间应尽量集中在一个区域，以便对防火墙等防爆建筑结构的处理。性质不同的危险物品的生产应分开，如乙炔与氧气的生产必须分开。

（续）

建筑防爆	◆**爆炸危险性厂房、库房的布置——其他平面布置与防爆措施** →厂房内不宜设置地沟，必须设置时，其盖板应严密，并采取防止可燃气体、可燃蒸气及粉尘、纤维在地沟积聚的有效措施，地沟与相邻厂房连通处应采用防火材料封堵。 →使用和生产甲、乙、丙类液体厂房的管、沟不应和相邻厂房的管、沟相通，该厂房的下水道应设置隔油设施。 →对于水溶性可燃、易燃液体，采用常规的隔油设施不能有效防止可燃液体蔓延与流散，而应根据具体生产情况采取相应的排放处理措施。 →甲、乙、丙类液体仓库应设置防止液体流散的设施。遇湿会发生燃烧、爆炸的物品仓库应设置防止水浸渍的措施。 ◆**泄压面积计算** →有爆炸危险的甲、乙类厂房，其泄压面积宜按下式计算： $A=10CV^{2/3}$ 式中，A 为泄压面积（m^2）；V 为厂房的容积（m^3）；C 为厂房容积是 $1000m^3$ 时的泄压比。 →当厂房的长径比大于3时，宜将该建筑划分为长径比小于或等于3的多个计算段，各计算段中的公共截面不得作为泄压面积。 ◆**泄压设施的选择** →泄压轻质屋面板。根据需要可分别由石棉水泥波形瓦和加气混凝土等材料制成，分为有保温层或防水层、无保温层或防水层两种。

（续）

建筑防爆	→泄压轻质外墙分为有保温层、无保温层两种形式。常采用石棉水泥瓦作为无保温层的泄压轻质外墙，而有保温层的轻质外墙则是在石棉水泥瓦外墙的内壁加装难燃木丝板作为保温层以及采用泄爆螺栓固定的外墙，用于要求采暖保温或隔热的防爆厂房。 →泄压窗可以有多种形式，如轴心偏上中悬泄压窗、抛物线形塑料板泄压窗等。窗户上宜采用安全玻璃。要求泄压窗能在爆炸力递增稍大于室外风压时，自动向外开启泄压。 →作为泄压设施的轻质屋面板和轻质墙体的质量每平方米不宜大于60kg。 →散发较空气轻的可燃气体、可燃蒸气的甲类厂房（库房）宜采用全部或局部轻质屋面板作为泄压设施。顶棚应尽量平整、避免死角，厂房上部空间应通风良好。 →泄压面的设置应避开人员集中的场所和主要交通道路或贵重设备的正面或附近，并宜靠近容易发生爆炸的部位。 →当采用活动板、窗户、门或其他铰链装置作为泄压设施时，必须注意防止打开的泄压孔由于在爆炸正压冲击波之后出现负压而关闭。 →爆炸泄压孔不能受到其他物体的阻碍，也不允许冰、雪妨碍泄压孔和泄压窗的开启，需要经常检查和维护。 →泄压面在材料的选择上除了要求重量轻以外，最好具有在爆炸时易破碎成碎块的特点，以便于泄压和减少对人的危害。 →对于北方和西北寒冷地区，由于冰冻期长、积雪易增加屋面上泄压面的单位面积荷载，使其产生较大重力，从而使泄压受到影响，所以应采取适当措施防止积雪和冰冻。

（续）

建筑防爆	 泄压窗 **◆防爆结构形式的选择** →现浇式钢筋混凝土框架结构。这种耐爆框架结构的厂房整体性能好、抗爆能力强，但工程造价高，通常用于抗爆能力要求高的防爆厂房。 →装配式钢筋混凝土框架结构。若采用装配式钢筋混凝土框架结构，则应在梁、柱与楼板等接点处预留钢筋焊接头并用高强度等级混凝土现浇成刚性接头，以提高耐爆强度。 →钢框架结构。能承受的极限温度仅为 400℃，超过该温度便会在高温作用下变形倒塌。如果在钢构件外面加装耐火被覆层或喷刷钢结构防火涂料，可以提高耐火极限，但这样做并非十分可靠，故较少采用。 **◆防爆墙** →防爆墙必须具有抵御爆炸冲击波的作用，同时具有一定的耐火性能。

（续）

建筑防爆	→防爆砖墙： ① 只用于爆炸物质较少的厂房和仓库。 ② 柱间距不宜大于 6m，大于 6m 需增加构造柱。 ③ 砖墙高度不大于 6m，大于 6m 需增加构造梁。 ④ 砖墙厚度不小于 240mm。 ⑤ 砖强度等级不应低于 MU10，砂浆强度等级不应低于 M5。 ⑥ 每 0. 5m 垂直高度应增设构造筋。 ⑦ 两端与钢混凝土柱预埋焊接或 24 号镀锌钢丝绑扎。 →防爆钢筋混凝土墙。厚度一般不应小于 200mm，多为 500mm、800mm，甚至 1m，混凝土强度等级不低于 C20。 →防爆钢板墙。以槽钢为骨架，钢板和骨架铆接或焊接在一起。 **◆防爆门** →骨架一般采用角钢和槽钢拼装焊接。 →门板选用抗爆强度高的锅炉钢板或装甲钢板，故防爆门又称为装甲门。 →装配门的铰链时，应衬有青铜套轴和垫圈，门扇四周边衬贴橡胶软垫，以防止防爆门启闭时因摩擦撞击而产生火花。 **◆防爆窗** →防爆窗的窗框应用角钢制作，窗玻璃应选用抗爆强度高、爆炸时不易破碎的安全玻璃。 →夹层内由两层或多层窗用平板玻璃，以聚乙烯醇缩丁醛塑料作衬片，在高温下加压粘合而成的安全玻璃，抗爆强度高，一旦被爆炸波击破能借助塑料的粘合作用，不会导致因玻璃碎片抛出而引起伤害。

（续）

建筑防爆	◆抗爆计算 →建筑物受破坏的程度不仅和爆炸波的波形、峰值超压及正相持续时间等因素有关，而且和建筑物本身的性质如静态强度、自振频率及韧性等有关。 →当爆炸发生在密闭结构中时，在直接遭受冲击波的围护结构上受到骤然增大的反射超压，并产生高压区。 →爆炸冲击波绕过结构物对结构产生动压作用。对于烟囱、桅杆、塔楼及桁架等细长形结构物，由于它们的横向线性尺寸很小，则所受合力就只有动压作用，因此结构物容易遭到抛掷和弯折。 →地面爆炸冲击波对地下结构物的作用与对上部结构的作用有很大不同： ① 地面上空气冲击波压力参数引起岩土压缩波向下传播并衰减。 ② 压缩波在自由场中传播时参数变化。 ③ 压缩波作用于结构物的反射压力取决于波与结构物的相互作用。 ◆电气防爆基本原理 →将设备在正常运行时产生电弧、火花的部件放在隔爆外壳内，或采取浇封型、充砂型、油浸型或正压型等其他防爆形式以达到防爆目的。 →对在正常运行时不会产生电弧、火花和危险高温的设备，如果在其结构上再采取一些保护措施（增安型电气设备），使设备在正常运行或认可的过载条件下不发生电弧、火花或过热现象。

（续）

建筑防爆	◆电气防爆基本措施 →宜将正常运行时产生火花、电弧和危险温度的电气设备和线路，布置在爆炸危险性较小或没有爆炸危险的环境内。 →采用防爆的电气设备，在满足工艺生产及安全的前提下，应减少防爆电气设备的数量。如无特殊需要，不宜采用携带式电气设备。 →按有关电力设备接地设计技术规程规定的一般情况不需要接地的部分，在爆炸危险区域内仍应接地，电气设备的金属外壳应可靠接地。 →设置漏电火灾报警和紧急断电装置。在电气设备可能出现故障之前，采取相应补救措施或自动切断爆炸危险区域电源。 →安全使用防爆电气设备。正确地划分爆炸危险环境类别，正确地选型、安装防爆电气设备，正确地维护、检修防爆电气设备。 →散发较空气重的可燃气体、可燃蒸气的甲类厂房以及有粉尘、纤维爆炸危险的乙类厂房，应采用不发火花的地面。采用绝缘材料作为整体面层时，应采取防静电措施。散发可燃粉尘、纤维的厂房内表面应平整、光滑，并易于清扫。 ◆爆炸危险环境类别及区域等级 →爆炸性气体环境： ① 0 区：爆炸性气体混合物环境连续出现或长期存在的场所。 ② 1 区：正常运行时，可能出现爆炸性气体混合物环境的场所。 ③ 2 区：在正常运行时，不太可能出现爆炸性气体混合物环境，即使出现也仅是短时存在的场所。

（续）

建筑防爆		可燃性粉尘环境： ① 20 区：在正常运行过程中可燃性粉尘连续出现或经常出现，其数量足以形成可燃性粉尘与空气混合物，或可能形成无法控制和极厚的粉尘层的场所及容器内部。 ② 21 区：在正常运行过程中可能出现粉尘数量足以形成可燃性粉尘与空气混合物，但未划入 20 区的场所。该区域包括与充入或排放粉尘点直接相邻的场所、出现粉尘层和正常操作情况下可能产生可燃浓度的可燃性粉尘与空气混合物的场所。 ③ 22 区：在异常条件下，可燃性粉尘偶尔出现并且只是短时间存在、可燃性粉尘偶尔出现堆积或可能存在粉尘层并且产生可燃性粉尘空气混合物的场所。如果不能保证排除可燃性粉尘堆积或粉尘层时，则应划分为 21 区。 **◆爆炸性物质的分类** →Ⅰ类：矿井甲烷。 →Ⅱ类：爆炸性气体混合物（含蒸气、薄雾）。 →Ⅲ类：爆炸性粉尘（含纤维）。 **◆爆炸性气体混合物的分级分组** →按最大试验安全间隙的大小分为$Ⅱ_A$、$Ⅱ_B$、$Ⅱ_C$三级。$Ⅱ_A$安全间隙最大，危险性最小；$Ⅱ_C$安全间隙最小，危险性最大。 →按照最小点燃电流的大小，Ⅱ类爆炸性气体混合物分为$Ⅱ_A$、$Ⅱ_B$、$Ⅱ_C$三级，最小点燃电流越小，危险性就越大。$Ⅱ_A$最大试验安全间隙最大，最小点燃电流最大，危险性最小；反之，$Ⅱ_C$危险性最大。 →爆炸性气体混合物按引燃温度的高低，分为T_1、T_2、T_3、T_4、T_5、T_6六组。T_6引燃温度最低，危险性相对较高；T_1引燃温度最高，危险性相对较低。

（续）

建筑防爆

◆爆炸性粉尘的分级

→在爆炸性粉尘环境中，根据粉尘特性（导电或非导电等）分为III_{A}、III_{B}、III_{C}三级。III_{A}级为可燃性飞絮，III_{B}级为非导电性粉尘，III_{C}级为导电性粉尘。

◆电气设备的基本防爆类别

- →隔爆型（d）。适用于1区、2区危险环境。
- →增安型（e）。主要用于2区危险环境，部分种类可以用于1区。
- →本质安全型（ia、ib、iC、iD）。ia适用于0区、1区、2区危险环境，ib适用于1区、2区危险环境，iC适用于2区危险环境，iD适用于20区、21区和22区危险环境。
- →正压型（px、pR、pD）。按照保护方法可以用于1区、2区危险环境。
- →油浸型（o）。适用于1区、2区危险环境。
- →充砂型（q）。适用于1区、2区危险环境。
- →无火花型（n、nA）。仅适用于2区危险环境。
- →浇封型（ma、mb、mc、mD）。适用于1区、2区危险环境。
- →特殊型（s）。可适用于相应的危险环境。
- →粉尘防爆型。根据其防爆性能，可选用于20区、21区或22区危险环境。

◆防爆电气设备类别

- →Ⅰ类。煤矿用电气设备。
- →Ⅱ类。除煤矿外的其他爆炸性气体环境用电气设备。其中，Ⅱ类隔爆型“d”和本质安全型“i”电气设备又分为II_{A}、II_{B}、II_{C}类。Ⅱ类无火花型“n”电气设备如果包括密封断路装置、非故障元件或限能设备或电路，该设备应是II_{A}、II_{B}、II_{C}类。

（续）

建筑防爆	→Ⅲ类。可燃性粉尘环境用电气设备为Ⅲ类。Ⅲ类又分为$Ⅲ_A$、$Ⅲ_B$、$Ⅲ_C$三种。$Ⅲ_A$类为可燃性飞絮；$Ⅲ_B$类为非导电性粉尘；$Ⅲ_C$类为导电性粉尘。 **◆防爆电气设备温度组别** →按最高表面温度划分，Ⅱ类爆炸性气体环境用电气设备分为T_1、T_2、T_3、T_4、T_5、T_6六组，应按对应的T_1~T_6组的电气设备的最高表面温度不超过可能出现的任何气体或蒸气的引燃温度选型。 **◆防爆标识** →Ⅰ类隔爆型：Ex d Ⅰ。 →Ⅰ类特殊型：Ex s Ⅰ。 →$Ⅱ_B$类隔爆型T_3组：Ex d Ⅱ BT3。 →$Ⅱ_A$类本质安全型 ia 等级T_5组：Ex ia Ⅱ AT5。 **◆防爆电气设备选用原则** →电气设备的防爆形式应与爆炸危险区域相适应。 →电气设备的防爆性能应与爆炸危险环境物质的危险性相适应；当区域存在两种以上爆炸危险物质时，电气设备的防爆性能应满足危险程度较高的物质要求。 →应与环境条件相适应。 →应符合整体防爆的原则，安全可靠，经济合理，使用维修方便。 **◆建筑防爆的检查内容** →爆炸危险区域的确定。 →有爆炸危险的厂房的总体布局。

（续）

<table>
<tr><td>建筑防爆</td><td>
→有爆炸危险的厂房的平面布置。
→采取的防爆措施。
→泄压设施的设置。
→与爆炸危险场所毗连的变、配电所的布置。

◆电气防爆的检查内容
→导线材质。
→导线允许载流量。
→线路的敷设方式。
→线路的连接方式。
→电气设备的选择。
→带电部件的接地。

◆通风、空调系统防爆的检查内容
→空调系统的选择。
→管道的敷设。
→通风设备的选择。
→除尘器和过滤器的设置。
→接地装置的设置。

◆供暖系统防爆的检查内容
→供暖方式的选择。
→供暖管道的敷设。
→供暖管道和设备绝热材料的燃烧性能。
→散热器表面的温度。
</td></tr>
</table>

(6) 建筑装修保温材料

建筑装修保温材料

◆建筑内部装修使用的材料燃烧性能等级划分

→A(不燃性)、B_1(难燃性)、B_2(可燃性)和 B_3(易燃性)四级。

◆常用建筑内部装修材料燃烧性能等级划分

→各部位材料(A 级)

花岗石、大理石、水磨石、水泥制品、混凝土制品、石膏板、石灰制品、黏土制品、玻璃、瓷砖、马赛克、钢铁、铝、铜合金等。

→顶棚材料(B_1 级)

纸面石膏板、纤维石膏板、水泥刨花板、矿棉装饰吸声板、玻璃棉装饰吸声板、珍珠岩装饰吸声板、难燃胶合板、难燃中密度纤维板、岩棉装饰板、难燃木材、铝箔复合材料、难燃酚醛胶合板、铝箔玻璃钢复合材料等。

→墙面材料(B_1 级)

纸面石膏板、纤维石膏板、水泥刨花板、矿棉板、玻璃棉板、珍珠岩板、难燃胶合板、难燃中密度纤维板、防火塑料装饰板、难燃双面刨花板、多彩涂料、难燃墙纸、难燃墙布、难燃仿花岗岩装饰板、氯氧镁水泥装配式墙板、难燃玻璃钢平板、PVC 塑料护墙板、轻质高强复合墙板、阻燃模压木质复合板材、彩色阻燃人造板等。

→墙面材料(B_2 级)

各类天然木材、木制人造板、竹材、纸制装饰板、装饰微薄木贴面板、印刷木纹人造板、塑料贴面装饰板、聚酯装饰板、复塑装饰板、塑纤板、胶合板、塑料壁纸、无纺贴墙布、墙布、复合壁纸、天然材料壁纸、人造革等。

（续）

建筑装修保温材料	→地面材料（B_1 级） 硬 PVC 塑料地板、水泥刨花板、水泥木丝板、氯丁橡胶地板等。 →地面材料（B_2 级） 半硬质 PVC 塑料地板、PVC 卷材地板、木地板氯纶地毯。 →装饰织物（B_1 级） 经阻燃处理的各类难燃织物等。 →装饰织物（B_2 级） 纯毛装饰布、纯麻装饰布、经阻燃处理的其他织物等。 →其他装饰材料（B_1 级） 聚氯乙烯塑料、酚醛塑料、聚碳酸酯塑料、聚四氟乙烯塑料、三聚氰胺塑料、脲醛塑料、硅树脂塑料装饰型材、经阻燃处理的各类织物等。 →其他装饰材料（B_2）级 经过阻燃处理的聚乙烯、聚丙烯、聚氨酯、聚苯乙烯材料及玻璃钢、化纤织物、木制品等 **◆建筑内部装修防火的一般要求** →建筑内部装修应妥善处理装修效果和使用安全之间的矛盾，积极采用不燃性材料和难燃性材料，尽量避免大量增加火灾负荷和采用在燃烧时产生大量浓烟或有毒气体的材料。 →建筑内部装修不应遮挡消防设施、疏散指示标识及安全出口，并不应妨碍消防设施和疏散走道的正常使用。消防栓箱门四周的装修材料颜色应与消火栓箱门的颜色有明显区别。 →建筑内部装修不应减少安全出口、疏散出口和疏散走道设计所需的净宽度和数量。

（续）

建筑装修保温材料

◆建筑装修材料燃烧性能的特别规定（1）

→除地下建筑外，无窗房间的内部装修材料的燃烧性能等级，除A级外，应在原规定的基础上提高一级。

→图书室、资料室、档案室和存放文物房间、大中型计算机房、中央控制室、电话总机房等放置特殊贵重设备的房间顶棚、墙面应为A级装修材料，地面应使用不低于B_1级装修材料。

→消防水泵房、排烟机房、固定灭火系统钢瓶间、配电室、变压器室、通风和空调机房、厨房、无自然采光楼梯间、封闭楼梯间、防烟楼梯间及其前室等，其内部所有装修均应采用A级装修材料。

→建筑内部的配电箱不应直接安装在B_1级装修材料上。照明灯具的高温部位，当靠近非A级装修材料时，应采取隔热、散热等防火保护措施。灯饰所用的材料的燃烧性能等级不应低于B_1级。

◆建筑装修材料燃烧性能的特别规定（2）

→建筑物内设有上、下层相连通的中庭、走马廊、开敞楼梯、自动扶梯时，其连通部位的顶棚、墙面应采用A级装修材料，其他部位应采用不低于B_1级的装修材料。

→防烟分区的挡烟垂壁，其装修材料应采用A级装修材料；建筑内部的变形缝（包括沉降缝、伸缩缝、抗震缝等）两侧的基层应采用A级材料，表面装修材料燃烧性能不得低于B_1级。

→地上建筑的水平疏散走道和安全出口的门厅，其顶棚装饰材料应采用A级装修材料，其他部位应采用不低于B_1级的装修材料。

→建筑物内的厨房，其顶棚、墙面、地面均应采用A级装修材料。

（续）

<table>
<tr><td rowspan="7">建筑装修保温材料</td><td>→经常使用明火器具的餐厅、科研实验室，装修材料的燃烧性能等级，除A级外，应在原规定的基础上提高一级。</td></tr>
<tr><td>→歌舞娱乐游艺放映场所设置在一、二级耐火等级建筑的四层及四层以上时，室内装修的顶棚材料应采用A级装修材料，其他部位应采用不低于 B_1 级的装修材料；当设置在地下一层时，室内装修的顶棚、墙面材料应采用A级装修材料，其他部位应采用不低于 B_1 级的装修材料。</td></tr>
<tr><td>→单层、多层建筑中建筑面积小于 $100m^2$ 的房间，当采用防火墙和甲级防火门窗与其他部位分隔时，其装修材料的燃烧性能等级可在原规定的基础上降低一级。</td></tr>
<tr><td>→除设置在地下一层、地上四层或四层以上歌舞娱乐游艺放映场所外，单层、多层民用建筑内装有自动灭火系统时，除顶棚外，其内部装修材料的燃烧性能等级可在原规定的基础上降低一级；当同时装有自动报警系统和自动灭火系统时，其顶棚装修材料的燃烧性能等级可在原规定的基础上降低一级，其他装修材料的燃烧性能等级可以不限。</td></tr>
<tr><td>→除设置在地下一层、地上四层或四层以上歌舞娱乐游艺放映场所和100m以上及大于800个座位的观众厅、会议厅、顶层餐厅外，高层民用建筑内设有火灾自动报警装置和自动灭火系统时，除顶棚外，其内部装修材料的燃烧性能等级可在原规定的基础上降低一级。</td></tr>
<tr><td>→高层民用建筑的裙房内面积小于 $500m^2$ 的房间，当设有自动灭火系统，并且采用耐火等级不低于2h的隔墙、甲级防火门窗与其他部位分隔时，顶棚、墙面、地面的装修材料的燃烧性能等级可在原规定的基础上降低一级。</td></tr>
<tr><td>→单独建造的地下民用建筑的地上部分，其门厅、休息室、办公室等内部装修材料的燃烧性能等级可在原规定的基础上降低一级。</td></tr>
</table>

（续）

建筑装修保温材料

◆建筑装修材料燃烧性能的特别规定（3）

- 地下商场、地下展览厅的售货柜台、固定货架、展览台等，应采用A级装修材料。
- 当厂房中房间的地面为架空地板时，其地面装修材料的燃烧性能等级不应低于B_1级。
- 装有贵重机器、仪器的厂房或房间，其顶棚和墙面应采用A级装修材料；地面和其他部位应采用不低于B_1级的装修材料。

◆防爆原则

- 控制可燃物和助燃物浓度、温度、压力及混触条件，避免物料处于燃爆的危险状态。
- 消除一切足以引起起火爆炸的点火源。
- 采取各种阻隔手段，阻止火灾爆炸事故的扩大。

◆外保温材料的燃烧特性

- 岩棉、矿棉类不燃材料：

  ① 在常温条件下（25℃左右）的导热系数通常在0.036～0.041W/(m·K)。

  ② 本身属于无机质硅酸盐纤维，不可燃。

- 胶粉聚苯颗粒保温浆料：

  ① 有机、无机复合的保温隔热材料，聚苯颗粒的体积大约占80%，导热系数为0.06W/(m·K)，燃烧性能等级为B_1级，属于难燃材料。

  ② 受热时，通常内部包含的聚苯颗粒会软化并熔化，但不会发生燃烧。

  ③ 熔融后将形成封闭的空腔，该保温材料导热系数会更小，传热更慢，受热全过程材料体积变化率为零。

（续）

建筑装修保温材料	└→有机保温材料： ① 一般被认为是高效保温材料，其导热系数通常较小。 ② 主要是聚苯乙烯泡沫塑料板（包括 EPS 板和 XPS 板）、硬泡聚氨酯和改性酚醛树脂板三种。 ③ 聚苯乙烯泡沫塑料板属于热塑性材料，受火或受热的作用后，先发生收缩、熔化，然后才起火燃烧，燃烧之后几乎无残留物存在。 ④ 硬泡聚氨酯与改性酚醛树脂板属于热固性材料，受火或受热时，几乎不发生收缩现象，燃烧成炭，体积变化较小。 ⑤ 通常用于建筑外保温的有机保温材料的燃烧性能等级不低于 B_2 级。 **◆采用内保温系统的建筑外墙** →对于人员密集场所，用火、燃油、燃气等具有火灾危险性的场所以及各类建筑内的疏散楼梯间、避难走道、避难间、避难层等场所或部位，应采用燃烧性能等级为 A 级的保温材料。 →对于其他场所，应采用低烟、低毒且燃烧性能等级不低于 B_1 级的保温材料。 └→保温材料应采用不燃材料做防护层。采用燃烧性能等级为 B_1 级的保温材料时，防护层厚度不应小于 10mm。 **◆与基层墙体、装饰层之间无空腔的建筑外墙外保温系统** └→住宅建筑： ① 建筑高度大于 100m 时，保温材料的燃烧性能等级应为 A 级。 ② 建筑高度大于 27m，但不大于 100m 时，保温材料的燃烧性能等级不应低于 B_1 级。 ③ 建筑高度不大于 27m 时，保温材料的燃烧性能等级不应低于 B_2 级。

(续)

建筑装修保温材料	└→其他建筑： ① 建筑高度大于50m时，保温材料的燃烧性能等级应为A级。 ② 建筑高度大于24m，但不大于50m时，保温材料的燃烧性能等级不应低于B_1级。 ③ 建筑高度不大于24m时，保温材料的燃烧性能等级不应低于B_2级。 **◆除设置人员密集场所的建筑外，与基层墙体、装饰层之间有空腔的建筑外墙外保温系统** →建筑高度大于24m时，保温材料的燃烧性能等级应为A级。 →建筑高度不大于24m时，保温材料的燃烧性能等级不应低于B_1级。 └→设置人员密集场所的建筑，其外墙外保温材料的燃烧性能等级应为A级。 **◆建筑外墙采用保温材料与两侧墙体构成无空腔复合保温结构** →结构体的耐火极限应符合有关技术规范的规定。 →当保温材料的燃烧性能等级为B_1、B_2级时，保温材料两侧的墙体应采用不燃材料且厚度均不应小于50mm。 └→当建筑的外墙外保温系统按规定采用燃烧性能等级为B_1、B_2级的保温材料时： ① 除采用B_1级保温材料且建筑高度不大于24m的公共建筑或采用B_1级保温材料且建筑高度不大于27m的住宅建筑外，建筑外墙上门、窗的耐火完整性不应低于0.50h。 ② 应在保温系统中每层设置防火隔离带。防火隔离带应采用燃烧性能等级为A级的材料，防火隔离带的高度不应小于300mm。

（续）

建筑装修保温材料	**◆建筑外墙采用保温材料的其他要求** →应采用不燃材料在其表面设置防护层。 →除耐火极限符合有关规定的无空腔复合保温结构体外，当按有关规定采用 B_1、B_2 级保温材料时，防护层厚度首层不应小于15mm，其他层不应小于5mm。 →建筑外墙外保温系统与基层墙体、装饰层之间的空腔，应在每层楼板处采用防火封堵材料封堵。 →当屋面板的耐火极限不低于1.00h时，保温材料的燃烧性能等级不应低于 B_2 级。 →当屋面板的耐火极限低于1.00h时，保温材料的燃烧性能等级不应低于 B_2 级。 →采用 B_1、B_2 级保温材料的外保温系统应采用不燃材料做防护层，防护层的厚度不应小于10mm。 →当建筑的屋面和外墙外保温系统均采用 B_1、B_2 级保温材料时，屋面与外墙之间应采用宽度不小于500mm的不燃材料设置防火隔离带进行分隔。 →电气线路不应穿越或敷设在燃烧性能等级为 B_1 或 B_2 级的保温材料中。 →确需穿越或敷设时，应采取穿金属管并在金属管周围采用不燃隔热材料进行防火隔离等防火保护措施。 →设置开关、插座等电器配件的部位周围应采取不燃隔热材料进行防火隔离等防火保护措施。 →建筑外墙的装饰层应采用燃烧性能等级为A级的材料，但建筑高度不大于50m时，可采用 B_1 级材料。 →独立建造的老年人照料设施、与其他建筑组合建造且老年人照料设施部分的总建筑面积大于500m² 的老年人照料设施的内、外墙体和屋面保温材料应采用燃烧性能等级为A级的保温材料。

（续）

建筑装修保温材料	◆**建筑内部装修的检查内容** →装修功能与原建筑类别的一致性。 →装修工程的平面布置。 →装修材料燃烧性能等级。 →装修对疏散设施的影响。 →装修对消防设施的影响。 →照明灯具和配电箱的安装。 →公共场所内阻燃制品标识张贴。 ◆**建筑外墙装饰的检查内容** →装饰材料的燃烧性能。 →广告牌的设置位置。 →设置发光广告牌墙体的燃烧性能。 ◆**建筑保温系统的检查内容** →保温材料的燃烧性能。 →防护层的设置。 →防火隔离带的设置。 →每层楼板处的防火封堵。 →电气线路和电器配件的安装。

2 石油化工防火

(1) 生产防火

生产防火	◆装置布置 →工艺生产装置区域内的露天设备、储罐、建（构）筑物等，宜按生产流程集中合理布置。 →工艺生产装置区域内的设备，宜布置在露天敞开式或半敞开式的建（构）筑物内，按生产流程、地势、风向等要求分别集中布置。 →有火灾爆炸危险的甲、乙类生产设备和建（构）筑物，宜布置在装置区的边缘，其中有爆炸危险和高压的设备一般布置在一侧，必要时设置在防爆构筑物内。 →容器组、大型容器等危险性较大的压力设备和机器，应远离仪表室、变电所、配电所、分析化验室及人员集中的办公室与生活室。 →自控仪表室、变配电室，不应与有可能泄漏液化石油气及散发相对密度大于 0.7 的可燃气体的甲类生产设备、建筑物相邻布置。 →在一座厂房内有不同生产类别，因为安全需要隔开生产时，应用不开孔洞的防火墙隔开。 →有害物质的工艺设备应布置在操作地点的下风侧。 →可燃气体及易燃液体的在线自动分析仪器室，应设置在生产现场或与分析化验室等辅助建筑物隔开的单独房间内。 →工艺生产装置内设备、建筑物平面布置的防火间距应符合规定。

（续）

生产防火

◆工艺操作防火

- 要保证原材料和成品的质量。
- 要严格掌握原料的配比。
- 防止加料过快、过多。
- 注意物料的投料顺序。
- 防止“跑、冒、滴、漏”。
- 严格控制温度。
- 严格控制压力。
- 防止搅拌中断。
- 严格遵守操作规程。
- 做好抽样探伤。

◆泄压排放设施的种类

- 泄压排放设施按其功能分为两种：一种是正常情况下排放，另一种是事故情况下排放。
- 常用可燃气体或蒸气的排放系统可以利用专门的设施，或利用通常的工艺管道和容器。
- 大型的石油化工生产装置都是通过火炬来排放易燃易爆气体的。
- 火炬系统是指将气体送至火炬的管线、火炬管（火炬筒）、燃料气管道、惰性气体管道、火炬点火、控制及信号装置等。

◆火炬系统的安全设置——防火间距

- 全厂性火炬应布置在工艺生产装置、易燃和可燃液体与液化石油气等可燃气体的储罐区和装卸区，以及全厂性重要辅助生产设施及人员集中场所全年最小频率风向的上风侧。

（续）

<table>
<tr><td>生产防火</td><td>→火炬与甲、乙、丙类工艺装置，隔油池，天然气等石油气压缩机房，液化石油气等可燃气体罐区和灌装站、油品罐区、仓库以及其他全厂性重要设施等的防火间距，应符合《石油化工企业设计防火规范》（GB 50160—2008）的要求。
→可燃气体、蒸气或有毒气体经分离罐分离处理，对捕集下来的液滴或污液进行回收或经地下排污管排至安全地点；其气态物经防止回火的密封罐导入火炬系统，焚烧后排放到大气中。
→当中小型企业设置专用火炬进行排放有困难时，可将易燃易爆无毒的气体通过放空管（排气筒）直接排入大气，一般放空管安装在化学反应器和储运容器等设备上。

分离罐
◆火炬系统的安全设置——火炬高度
→火炬高度设计应充分考虑事故火炬出现最大排放量时，热辐射强度对人员和设备的影响。
→火炬的高度依据顶端火焰的辐射热对地面人员的热影响，或大风时火焰长度及倾斜度对邻近构筑物及生产装置的热影响确定，应使火焰的辐射热不致影响人身及设备的安全。</td></tr>
</table>

（续）

生产防火	**◆火炬系统的安全设置——排放能力** →火炬的排放能力应以正常运转时、停车大检修时、全停电或部分停电时、仪器设备故障或发生火灾时等可能出现的排放量中最大可能的气体排放量为准。 →必须保证火炬燃烧嘴具有能处理其中最大的气体排放量的能力。 **◆火炬系统的安全设置——保证排出气体处理质量** →火炬具有净化、排放并使可燃性气态物质燃烧而消除可燃性的作用。 →当火焰脱离火炬和熄灭时，会有大量的有毒和可燃气体进入大气，因此火炬的顶部应设长明灯或其他可靠的点火设施。 →火炬燃烧嘴是关系排出气体处理质量的重要部件，要求其喷出的气流速度要适中，一般控制在音速的1/5左右，既不可吹灭火焰，也不可将火焰吹飞。 **◆火炬系统的安全设置——设置自动控制系统** →在中央控制室内应安装具有气体排放、输送和燃烧等的参数控制仪表和信号显示装置。 →主要参数应以极限值信号装置的调节仪表来控制，如送往火炬喷头的可燃气体和辅助燃气的流量低于计算流量的信号、火炬喷头火焰熄灭的信号和高限排放量的信号等。 **◆火炬系统的安全设置——设置安全装置** →为了防止排出的气体带液体，可燃气体放空管道在接入火炬前应设置分液器。 →为了防止火焰和空气倒入火炬筒，在火炬筒上部应安装防回火装置。

（续）

<table>
<tr><td rowspan="1">生产防火</td><td>
→为及时发现空气倒入火炬系统的情况，须设置火炬管内出现真空的信号装置，并能随即进行联锁，以改变吹洗可燃气体和惰性气体的供给量。
→为了防止气体通过液封时产生水力冲击或发生泄漏，应该在分离器、液封和冷凝液受槽上安装最高和最低液位的信号装置。
→为更好地提高火炬装置的耐爆性，还可在排放气体的管道上安装气体的最低余压和流速的自动调节系统。
→为保证气体的无烟燃烧，应设有自动调节送至火炬喷头的可燃气体和蒸气比例的调节器。
→当排放气体中含有乙炔或存在爆炸分解危险时，在火炬筒的入口前，应设置拉西环填料的塔式阻火器。

◆放空管的安全设置——安装要求
→放空管一般应设在设备或容器的顶部，室内设备安设的放空管应引出室外，其管口要高于附近有人操作的最高设备 2m 以上。
→连续排放的放空管口，还应高出半径 20m 范围内的平台或建筑物顶 3.5m 以上。
→间歇排放的放空管口，应高出 10m 范围内的平台或建筑物顶 3.5m 以上。
→平台或建筑物应与放空管垂直面呈 45°。

◆放空管的安全设置——设置安全装置
→排放后可能立即燃烧的可燃气体，应经冷却装置冷却后接至放空设施。
→放空管上应安装阻火器或其他限制火焰的设备，以防止气体在管道出口处着火，并使火焰扩散到工艺装置中。
</td></tr>
</table>

（续）

生产防火	→由于紧急放空管口和安全阀放空管口均装于高出建筑物顶部的位置，且排放易燃易爆介质，其冲出气柱较高，容易遭受雷击，因此放空管口应处在防雷保护范围内。 →当放空气体流速较快时，为防止因静电放电引起事故，放空管应有良好的接地。 →有条件时，可在放空管的下部连接氮气或水蒸气管线，以便稀释排放的可燃气体或蒸气，或防止雷击着火和静电着火。  放空管阻火器 **◆放空管的安全设置要求——防止大气污染** →为了防止发生火灾危险和危害人身健康的大气污染，当事故放空大量可燃有毒气体及蒸气时，均须排放至火炬燃烧。 →排放可能携带腐蚀性液滴的可燃气体，应经过气液分离器分离后，接入通往火炬的管线，不得在装置附近未经燃烧直接放空。 **◆安全阀的设置** →顶部最高操作压力大于或等于 0.1MPa 的压力容器。 →顶部最高操作压力大于 0.03MPa 的蒸馏塔、蒸发塔和汽提塔（汽提塔顶蒸气通入另一蒸馏塔者除外）。

（续）

生产防火	→往复式压缩机各段出口或电动往复泵、齿轮泵、螺杆泵等容积式泵的出口（设备本身已有安全阀者除外）。 →凡与鼓风机、离心式压缩机、离心泵或蒸气往复泵出口连接的设备不能承受其最高压力时，鼓风机、离心式压缩机、离心泵或蒸气往复泵的出口。 →可燃气体或液体受热膨胀，可能超过设计压力的设备。 →顶部最高操作压力为 0.03～0.1MPa 的设备应根据工艺要求设置。

（2）储存防火

储存防火	**◆储罐种类** →按储罐的设计内压分类：常压储罐、低压储罐和压力储罐。 →按储罐的安装位置分类：地上储罐、地下储罐、半地下储罐。 →按储罐的材质分类：金属储罐和非金属储罐。 →按储罐的结构形状分类：立式圆筒状、卧式圆筒状和特殊形状。 **◆罐区防火设计** →甲、乙、丙类液体储罐区，储罐、液化石油气灌瓶间、柴油灌桶间，可燃、助燃气体储罐区，可燃材料堆场等，应设置在城市（区域）的边缘或相对独立的安全地带，并宜设置在城市（区域）全年最小频率风向的上风侧。 →应与装卸区、辅助生产区及办公区分开布置。桶装、瓶装甲类液体不应露天存放。 →甲、乙、丙类液体储罐区宜布置在地势较低的地带。当布置在地势较高的地带时，应采取安全防护设施。

（续）

储存防火

- 液化石油气储罐区宜布置在地势平坦、开阔等不易积存液化石油气的地带。四周应设置高度不小于1.0m的不燃烧体实体防护墙。

◆储罐防火

- 储罐选型时，首先应保证使用的可靠性和安全性。
- 要求储罐结构密封性好，以减少储罐内石油及石油产品的蒸发损耗，既保护环境免遭污染，又防止储罐区可燃蒸气的积聚，减少油库的不安全因素。
- 储罐安装的所有电气设备和仪器仪表，必须符合相应的防爆等级和类别，测量油面的电子仪表、温度计以及其他指示器和探测器等，均应按专门的设计要求安装在储罐上。
- 钢制储罐必须作防雷接地，接地点不应少于两处。钢质储罐接地点沿储罐周长的间距，不宜大于30m，接地电阻不宜大于10Ω。
- 当装有阻火器的地上卧式储罐的壁厚和地上固定顶钢质储罐的顶板厚度大于或等于4mm时，可不设避雷针。
- 铝顶储罐和顶板厚度小于4mm的钢质储罐，应装设避雷针。浮顶罐或内浮顶罐可不设避雷针，但应将浮顶与罐体用两根导线作电气连接。

钢制储罐

(3) 运输防火

运输防火

◆铁路装卸防火设计要求及措施——装卸区的防火设计要求

→① 铁路油品装卸线。装卸线一般不与生产、仓储区的出入口道路相交，以避免铁路调车作业影响生产、仓储区内车辆正常的出入，以及发生火灾时外来救援车辆的顺利通过。

→② 装卸栈桥。装卸栈桥采用非燃材料建造，是装卸油品的操作台。装卸栈桥一般设置在装卸线的一侧，通常与鹤管共同建造，并设有倾角不大于60°的吊梯，方便人员上到罐车顶部。

→③ 防火间距。当两条油品装卸线共用一座栈桥或一排鹤管时，两条装卸线中心线的距离要求：采用公称直径为 100mm 的小鹤管时，一般不大于 6m；采用公称直径为 200mm 的大鹤管时，一般不大于 7.5m。

→④ 电气防爆。处在爆炸危险区域范围内的电气设备，都要采取相应的防爆措施。电气设备一般选用 dⅡAT3 型，电气线路要采用钢管配线并做好隔离密封。

→⑤ 防雷、防静电。在棚内进行易燃油品灌装作业的，需要装设避雷针（带）予以保护。

→⑥ 消防车道的布置。作业区内需设环形消防车道。

→⑦ 消防设施和灭火器材的设置。装卸栈桥宜设置半固定消防给水系统，供水压力一般不小于 0.15MPa，消火栓间距不大于 60m。

（续）

运输防火

◆铁路装卸防火设计要求及措施——装卸作业的防火措施

→装卸前：

① 油罐车需要调到指定车位，并采取固定措施。

② 机车必须离开。

③ 操作人员要认真检查相关设施，确认油罐车缸体和各部件正常，装卸设备和设施合格，栈桥、鹤管、铁轨的静电跨接线连接牢固，静电接地线接地良好。

→装卸时：

① 严禁使用铁器敲击罐口。

② 灌装时，要按列车沿途所经地区最高气温下的允许灌装速度予以灌装，鹤管内的油品流速要控制在 4.5m/s 以下。

③ 雷雨天气或附近发生火灾时，不得进行装卸作业，应盖严油罐车罐口，关闭有关重要阀门，断开有关设备的电源。

→装卸后：

装卸完毕后，须静止至少 2min，然后再进行计量等作业。作业结束后，要及时清理作业现场，整理归放工具，切断电源。

◆装卸车场的防火设计要求

→装卸车场的平面布置：

① 装卸车场应布置在石油天然气站场、石油化工企业和石油库的边缘地带，并用围墙和其他区域隔开。

② 装卸车场要设有单独的出入口和能保证消防车辆顺利接近火灾场地的消防车道。

③ 当出入口合用时，装卸车场内要设消防车回车场地。

→防火间距：

① 装卸车鹤管之间的距离一般不小于 4m，装卸车鹤管与缓冲罐之间的距离一般不小于 5m。

② 汽车装油鹤管与其装油泵房属同一操作单元，其间距可适当缩小。

（续）

运输防火	→电气防爆： 处在爆炸危险区域范围内的电气设备，都要采取相应的防爆措施。电气设备一般选用 dⅡAT3 型，电气线路要采用钢管配线并做好隔离密封。 →防雷防静电： 装车棚要装设避雷针予以保护。当油品管道进入油品装卸区时，要在进入点接地。防雷接地电阻一般不能大于 10Ω。 →应急设备和消防设施： 在距装卸鹤管 10m 以外的装卸管道上，必须设置事故情况下便于操作的紧急切断阀。  装卸车鹤管

（续）

运输防火	**◆装卸作业的防火措施** →一般要求： ① 装卸人员要穿防静电服和鞋，上岗作业前要用手触摸人体静电消除装置，关闭通信设备。 ② 装卸车辆进入装卸区行车速度不得超过 5km/h。 ③ 车辆对位后要熄火，装卸过程中要保持车辆的门窗紧闭。 ④ 油品装卸的计量要精确。 ⑤ 油品装车时流量不得小于 $30m^3/h$，以免大吨位油罐车装车时间太长。但装卸车流速应小于或等于 4.5m/s。 →付油操作： ① 付油员付油前要检查相关设备和线路，确认油品规格，检查无误后启动装油系统。 ② 付油过程中，司乘人员要监视罐口，防止意外冒油。当装车棚、栈桥内设有固定气体灭火系统时，付油员要做好随时启动灭火设施的准备。 ③ 付油完毕后断开接地线，待油罐车静置 3~5min 后，才能启动车辆缓慢驶离。 →卸油操作： ① 卸油人员进入岗位后要检查油罐车的安全设施是否齐全有效，作业现场要准备至少一个 4kg 干粉灭火器、一个泡沫灭火器和一块灭火毯。 ② 油罐车熄火并静置不少于 3min 后，卸油人员连好静电接地，按工艺流程连接卸油管，确认无误后，油罐车驾驶员缓慢开启卸油阀，开启速度控制在 4r/min 以下。 ③ 卸油过程中，卸油人员和油罐车驾驶员不得远离现场。 ④ 易燃油品极易挥发，严禁采用明沟（槽）卸车系统卸车。 ⑤ 雷雨天不得进行卸油作业。

（续）

运输防火	◆**装卸码头的总平面布置** →油品码头宜布置在港口的边缘区域。 →内河港口的油品码头宜布置在港口的下游，当岸线布置确有困难时，可布置在港口上游。 →油品泊位与其他泊位的船舶间距应符合相应规范要求。 →海港或河港中位于锚地上游的装卸甲、乙类油品泊位与锚地的距离不应小于1000m，装卸丙类油品泊位与锚地的距离不应小于150m，河港中位于锚地下游的油品泊位与锚地的间距不应小于150m。 →甲、乙类油品码头前沿线与陆上储油罐的防火间距不应小于50m，装卸甲、乙类油品的泊位与明火或散发火花地点的防火间距不应小于40m，陆上与装卸作业无关的其他设施与油品码头的间距不应小于40m。 →油品泊位的码头结构应采用不燃烧材料，油品码头上应设置必要的人行通道和检修信道，并应采用不燃或难燃性的材料。 ◆**装卸码头的装卸工艺系统设计** →当油船需在泊位上排压舱水时，应设置压舱水接收设施，码头区域内管道系统的火灾危险性类别应与装卸的油品相同。 →码头装船系统与装船泵房之间应有可靠的通信联络或设置启停连锁装置。 →甲、乙类油品以及介质设计输送温度在其闪点以下10℃范围外的丙类油品，不得采用从顶部向油舱口灌装工艺，采用软管时应伸入舱底。 →采用金属软管装卸时，应采取措施避免和防止软管与码头面之间的摩擦碰撞，避免产生火花。 →输送原油或成品油宜采用钢质管道。管道设计流速应符合原油或成品油在正常作业状态时，管道设计流速不应大于4.5m/s，液化石油气液态安全流速不应大于3m/s的规定。

（续）

运输防火

◆装卸作业的防火措施

→装卸作业前，应先接好地线后再接输油管，静电接地要可靠，电缆规格要符合要求。机炉舱风头应背向油舱，停止通烟管和锅炉管吹灰。要关闭油舱甲板的水密门、窗，关闭相关电气开关，严防油气进入机炉舱和生活区。

→装卸油品时，应在船的周围设置围油栏，以防溢出油向周围扩散。作业中，禁止使用非防爆的手电筒等能产生火花或火星的设备。

→装卸完毕后，应先拆输油管后拆地线，并清除软管、输油臂内的残油，关闭各油舱口和输油管线阀门，擦净现场油污。

◆输送设施防火——液体运输

→一般溶液可选用任何类型的泵输送，悬浮液可选用隔膜式往复泵或离心泵输送。

→当输送可燃液体时，应限制流速并设置良好接地，或采取加缓冲器、增湿、加抗静电剂等措施，防止静电产生危险。

→在输送有爆炸性或燃烧性物料时，要采用氮气、二氧化碳等气体代替空气，以防燃烧和爆炸发生。

→在化工生产中，用压缩空气为动力输送酸碱等有腐蚀性液体的设备要符合压力容器的相关设计要求，要有足够的强度，输送此类流体的设备还应耐腐蚀或经防腐处理。

→甲、乙类火灾危险性的泵房，应安装自动报警系统。

→在泵房的阀组场所，应有能将可燃液体经水封引入集液井的设施，集液井应加盖，并有用泵抽除的设施。泵房还应采取防雷措施。

（续）

运输防火	◆**输送设施防火——固体运输** →输送机械的传动和转动部位要保持正常润滑，防止摩擦过热。 →对于电气设备及其线路要注意保护，防止绝缘损坏发生漏电及短路事故。 →粉料输送管道材料应选择导电性材料并可靠接地，如果采用绝缘材料管道，则管外应采取接地措施。 →对于输送可燃粉料以及输送过程中能产生可燃粉尘的情况，输送速度不应超过该物料允许的流速，风速、输送量不要急剧改变，以防产生静电发生危险。 →为了避免管道发生堵塞，管道输送的速度、直径、连接应设计合理。 ◆**输送设施防火——气体输送** →输送可燃气体的管道应经常保持正压状态，并根据实际需要安装止回阀、水封和阻火器等安全装置。 →压缩机吸入口应保持余压，如进气口压力偏低，压缩机应减少吸入量或紧急停车，以免造成负压吸入空气，进而引起爆炸。 →在操作中，应保持进气压力在允许范围内，谨防出现真空状态。当压缩机意外发生抽负现象，形成爆炸混合物时，应从入口阀注入惰性气体置换出空气，防止爆炸事故发生。

3　城市交通防火

（1）地铁防火

地铁防火

◆地铁的火灾危险性

- 空间小、人员密度和流量大。
- 用电设施、设备繁多。
- 动态火灾隐患多。

◆地铁火灾特点

- 火情探测和扑救困难。
- 易导致人员窒息。
- 产生有毒烟气、排烟排热效果差。
- 人员疏散困难。

◆地铁建筑耐火等级

- 下列建筑的耐火等级应为一级：
  ① 地下车站及其出入口通道、风道。
  ② 地下区间、联络通道、区间风井及风道。
  ③ 控制中心。
  ④ 主变电所。
  ⑤ 易燃物品库、油漆库。
- 下列建筑的耐火等级不应低于二级：
  ① 地上车站及地上区间。
  ② 地下车间出入口地面厅、风亭等地面建（构）筑物。
  ③ 运用库、检修库、综合维修中心的维修综合楼、物质总库的库房、调机库、牵引降压混合变电所、洗车机库（棚）、不落轮镟库、工程车库和综合办公楼等生活辅助建筑。

（续）

地铁防火	◆**地铁建筑防火分区** →地下车站站台和站厅公共区可划分为同一个防火分区，站厅公共区的建筑面积不宜大于 5000m²；地上车站站厅公共区每个防火分区的最大允许建筑面积也不宜大于 5000m²。 →地上车站设备管理区每个防火分区的最大允许建筑面积不应大于 2500m²；地下车站及建筑高度大于 24m 的地上高架车站，其设备管理区每个防火分区的最大允许建筑面积不应大于 1500m²。 →车辆基地运用库内的运转办公区宜单独划分防火分区。 →地下停车库、列检库、停车列检库、运用库和联合检修库等场所应单独划分防火分区，每个防火分区的最大允许建筑面积不应大于 6000m²；当设置自动灭火系统时，每个防火分区的最大允许建筑面积不限。 →地上停车库、列检库、停车列检库、运用库和联合检修库等场所的防火分区应符合《建筑设计防火规范》（GB 50016—2014）（2018 年版）的有关规定。 ◆**防火分隔措施的一般规定** →车站（车辆基地）控制室（含防灾报警设备室）、变电所、配电室、通信及信号机房、固定灭火装置设备室、消防水泵房、废水泵房、通风机房、环控电控室、站台门控制室、蓄电池室等火灾时需运作的房间，应分别独立设置，并应采用耐火极限不低于 2.00h 的防火隔墙和耐火极限不低于 1.50h 的楼板与其他部位分隔。

（续）

地铁防火	
地铁防火	→防火墙上的窗口应采用固定式甲级防火窗；防火隔墙上的窗口应采用固定式乙级防火灾，必须设置活动式防火窗时，应具备火灾时能自动关闭的功能。 →在所有管线（道）穿越防火墙、防火隔墙、楼板、电缆通道和管沟隔墙处，均应采用防火封堵材料紧密填实。 →与地下商业等非地铁功能的场所相邻的车站，其站台层、站厅付费区、站厅非付费区的乘客疏散区以及用于乘客疏散的通道内，严禁设置商铺和非地铁运营用房。 →在站厅非付费区的乘客疏散区外设置的商铺，应采用耐火极限不低于2.00h的防火隔墙或耐火极限不低于3.00h的防火卷帘与其他部位分隔，商铺内应设置火灾自动报警和灭火系统。 →在站厅的上层或下层设置商业等非地铁功能的场所时，站厅严禁采用中庭与商业等非地铁功能的场所连通；在站厅非付费区连通商业等非地铁功能场所的楼梯或扶梯的开口部位应设置耐火极限不低于3.00h的防火卷帘，防火卷帘应能分别由地铁、商业等非地铁功能的场所控制，楼梯或扶梯周围的其他临界面应设置防火墙。 →在站厅层与站台层之间设置商业等非地铁功能的场所时，站台至站厅的楼梯或扶梯不应与商业等非地铁功能的场所连通，楼梯或扶梯穿越商业等非地铁功能的场所的部位应设置无门、窗、洞口的防火墙。 →在站厅公共区同层布置的商业等非地铁功能的场所，应采用防火墙与站厅公共区进行分隔，相互间宜采用下沉广场或连接通道等方式连通，不应直接连通。连接通道内应设置两道分别由地铁和商业等非地铁功能的场所控制且耐火极限均不低于3.00h的防火卷帘。

（续）

地铁防火	**◆地下车站防火分隔措施** →站台与站厅公共区之间除上、下楼梯或扶梯的开口外，不应设置其他上下连通的开口。 →地下车站的风道、区间风井及其风道等的围护结构的耐火极限均不应低于3.00h，区间风井内柱、梁、楼板的耐火极限均不应低于2.00h。 →上、下重叠平行站台的车站，当下层站台穿越上层站台至站厅的楼梯或扶梯时，应在上层站台的楼梯或扶梯开口部位设置耐火极限不低于2.00 h的防火隔墙；上、下层站台之间的联系楼梯或扶梯，除可在下层站台的楼梯或扶梯开口处人员上、下通行的部位采用耐火极限不低于3.00h的防火卷帘等进行分隔外，其他部位应设置耐火极限不低于2.00h的防火隔墙。 →多线同层站台平行换乘车站的各站台之间应设置耐火极限不低于2.00h的纵向防火隔墙，该防火隔墙应延伸至站台有效长度外不小于10m。 →点式换乘车站站台之间的换乘通道和换乘梯，除可在下层站台的通道或楼梯或扶梯处人员上、下通行的部位采用耐火极限不低于3.00h的防火卷帘等进行分隔外，其他部位应设置耐火极限不低于2.00h的防火隔墙。 →侧式站台与同层站厅换乘车站，除可在站台连接同层站厅的通道口部位采用耐火极限不低于3.00h的防火卷帘等进行分隔外，其他部位应设置耐火极限不低于3.00h的防火墙。 →通道换乘车站的站间换乘通道两侧应设置耐火极限不低于2.00h的防火隔墙，通道内应采用2道耐火极限均不低于3.00h的防火卷帘等进行分隔。 →站厅层位于站台层下方时，除可在站厅至站台的楼梯或扶梯开口处人员上、下通行的部位采用耐火极限不低于3.00h的防火卷帘等进行分隔外，其他部位应设置耐火极限不低于2.00h的防火隔墙。 →在站厅层与站台层之间设置地铁设备层时，站台至站厅的楼梯或扶梯穿越设备层的部位周围应设置无门、窗、洞口的防火墙。

（续）

地铁防火	**◆地上车站防火分隔措施** →站厅位于站台上方且站台层不具备自然排烟条件时，除可在站台至站厅的楼梯或扶梯开口处人员上、下通行的部位采用耐火极限不低于3.00h的防火卷帘进行分隔外，其他部位应设置耐火极限不低于2.00h的防火隔墙。 **◆车辆基地防火分隔措施** →建筑的上部不宜设置其他使用功能的场所或建筑，确需设置时，车辆基地与其他功能场所之间应采用耐火极限不低于3.00h的楼板分隔；车辆基地建筑的承重构件的耐火极限不应低于3.00h，楼板的耐火极限不应低于2.00h。 →酸性蓄电池充电间宜独立建造，不应与值班室或其他经常有人的场所相邻布置；当与其他建筑合建时，应靠外墙单层设置，并应采用防火墙与其他部位隔开，当防火墙上必须设置门、窗时，应采用甲级防火门、窗。 **◆地铁建筑装修材料要求** →地下车站公共区和设备管理区用房的顶棚、墙面、地面装修材料及垃圾箱，应采用燃烧性能为A级的材料。 →地上车站公共区的墙面、顶棚的装修材料及垃圾箱，应采用燃烧性能为A级的材料，地面装修材料的燃烧性能不应低于B_1级。 →站厅、站台、人员出入口、疏散楼梯及楼梯间、疏散通道、避难走道、联络通道等人员疏散部位和消防专用通道的室内装修材料均应采用燃烧性能为A级的材料，但站台门的绝缘层和地上具有自然排烟条件的房间，其地面装修材料的燃烧性能可为B_1级。 →广告灯箱、导向标识、座椅、电话亭、售检票亭（机）等固定设施的燃烧性能均不应低于B_1级。 →室内装修材料不得采用石棉、玻璃纤维、塑料类等制品。

（续）

地铁防火	**◆地铁建筑安全疏散的一般规定** →地铁安全疏散一般按一条线路、一座换乘车站及其相邻区间同一时间只发生一处火灾事故考虑。 →站台至站厅或其他安全区域的疏散楼梯、自动扶梯和疏散通道的通过能力，应保证在远期或客流控制期中超高峰小时最大客流量时，一列进站列车所载乘客及站台上的候车乘客能在4min内全部撤离站台，并应能在6min内全部疏散至站厅公共区或其他安全区域。 →疏散乘客人数的计算应按不同区域进行区分。 →消防专用梯、垂直电梯、竖井爬梯、消防专用通道以及管理区的楼梯不应计作疏散设施。换乘车站的换乘通道、换乘楼梯（自动扶梯）不应作为安全疏散设旋。 →疏散时间的计算应符合《地铁设计防火标准》（GB 51298—2018）的规定。 **◆地铁建筑安全出口和疏散设施** →每个站厅公共区安全出口的数量应经计算确定，且应至少设置不少于2个直通室外的安全出口。安全出口应分散布置，且相邻两个安全出口之间的最小水平距离不应小于20m。换乘车站共用一个站厅公共区时，站厅公共区的安全出口应按每条线不少于2个设置。 →站厅公共区与商业区等非地铁功能的场所的安全出口应各自独立设置。两者的连通口和上、下联系楼梯或扶梯不得作为相互间的安全出口。 →地下车站有人值守的设备管理区内每个防火分区安全出口的数量不应少于2个，并应至少有1个安全出口直通地面。 →地下一层侧式站台车站，每侧站台应至少设置2个直通地面或其他室外空间的安全出口。

(续)

地铁防水	→地下车站设备层的安全出口应独立设置。 →区间隧道设置中间风井时，井内或就近应设置直通地面的防烟楼梯间。 →两条单线载客运营地下区间之间应设置联络通道，相邻两条联络通道之间的最小水平距离不应大于600m，通道内应设置一道并列两樘且反向开启的甲级防火门。 →载客运营地下区间内应设置纵向疏散平台。区间两端采用侧式站台车站的载客运营地上区间，应在上、下行线路区间设置纵向疏散平台。 →车辆基地和其建筑上部其他功能场所的人员安全出口应分别独立设置，且不得相互借用。 **◆地铁建筑疏散通道宽度和疏散距离** →区间纵向疏散平台单侧临空时，平台的宽度不宜小于0.6m；双侧临空时，平台的宽度不宜小于0.9m。 →站厅公共区和站台计算长度内任一点至疏散通道口和疏散楼梯口或用于疏散的自动扶梯口的最大疏散距离不应大于50m。 →地下车站有人值守的设备管理用房的疏散门至最近安全出口的距离，当疏散门位于两个安全出口之间时，不应大于40m；当疏散门位于袋形走道两侧或尽端时，不应大于22m。 →地下出入口通道的长度不宜大于100m；当大于100m时，应增设安全出口，且该通道内任一点至最近安全出口的疏散距离不应大于50m。 →地上车站设备管理区内房间的疏散门至最近安全出口的疏散距离应符合《建筑设计防火规范》(GB 50016—2014)(2018年版)的规定。 →疏散通道和疏散楼梯的宽度设计应符合《建筑设计防火规范》(GB 50016—2014)(2018年版)的相关规定。

（续）

地铁防水

◆地铁建筑应设置备用照明的场所

→变电所、配电室、环控电控室。

→通信机房、信号机房、消防水泵房、事故风机房、防烟排烟机房。

→车站控制室、站长室及火灾时仍需坚持工作的其他房间。

◆地铁建筑应设置疏散照明的场所或部位

→车站公共区、地下区间。

→疏散通道、长度大于20m的内走道、避难走道（含前室）、联络通道。

→安全出口、楼梯或扶梯处、消防楼梯间、防烟楼梯间（含前室）。

◆地铁建筑应设置电光源型疏散指示标识的场所或部位

→站台和站厅公共区。

→人行楼梯、疏散通道及其转角处、自动扶梯。

→消防专用通道、避难走道。

→设备管理区内的走道和变电所的疏散通道。

→安全出口。

◆地铁建筑应急照明设置要求

→应急照明应由应急电源提供专用回路供电，并应按公共区与设备管理区分回路供电。备用照明和疏散照明不应由同一分支回路供电。

→应急照明灯具宜设置在墙面或顶棚处。

→地下车站及区间应急照明的持续供电时间不应小于60min，由正常照明转换为应急照明的切换时间不应大于5s。

（续）

地铁防火	**◆地铁建筑疏散指示标识设置要求** →站台和站台公共区的疏散指示标识应设置在柱面或墙面上，标识的上边缘距地面不应大于1m，间距不应大于20m且不应大于两跨柱间距。 →安全出口和疏散通道出口处的疏散指示标识应设置在门洞边缘或门洞的上部，标识的上边缘距吊顶面不应小于0.5m，下边缘距地面不应小于2m。 →疏散通道两侧及转角处的疏散指示标识应设置在墙面上，标识的上边缘距地面不应大于1m，间距不应大于10m，通道转角处的标识间距不应大于1m；设备管理区疏散通道内的标识间距不应大于10m。 →地铁隧道宜选择带有米标的方向标识灯。  地铁站台

（续）

地铁防火	**◆地铁建筑室外消火栓系统** →设置部位： 地铁车站及其附属建筑、车辆基地（地上区间除外）。 →设置标准： 地下车站的室外消火栓设置数量应满足灭火救援要求，且不应少于2个，其室外消火栓设计流量不应小于20L/s；地上车站、控制中心等地上建筑和地上、地下车辆基地的室外消火栓设置设计流量，应符合《消防给水及消火栓系统技术规范》（GB 50974—2014）的规定。 **◆地铁建筑室内消火栓系统** →设置部位： 车站的站厅层、站台层、设备层、地下区间及长度大于30m的人行通道等处。 →设置标准： 地下车站的室内消火栓设计流量不应小于20L/s；地下车站出入口通道、地下折返线及地下区间的室内消火栓设计流量不应小于10L/s；地上车站、控制中心等地上建筑和地上、地下车辆基地的室内消火栓设计流量，应符合《消防给水及消火栓系统技术规范》（GB 50974—2014）的规定。 →布置要求： 消火栓的间距应经计算确定，且单口单阀消火栓的间距不应大于30m，两只单口单阀为一组的消火栓间距、地下区间及配线区内消火栓的间距均不应大于50m，人行通道内消火栓的间距不应大于20m。

（续）

地铁防火	**◆地铁建筑自动喷水灭火系统** →设置部位： 建筑面积大于6000m² 的地下、半地下和上盖设置了其他功能建筑的停车库、列检库、停车列检库、运用库、联合检修库；可燃物品的仓库和难燃物品的高架仓库或高层仓库。 →设置标准： 应符合《自动喷水灭火设计规范》（GB 50084—2017）的有关规定。 **◆地铁建筑灭火器的配置** →配置部位： 除区间外，地铁工程内应配置建筑灭火器。 →配置级别： 车站内的公共区、设备管理区、主变电所和其他有人值守的设备用房应按《建筑灭火器配置设计规范》（GB 50140—2005）严重危险级配置。 **◆地铁建筑应设置排烟设施的部位和场所** →地下或封闭车站的站厅、站台公共区。 →同一个防火分区内总建筑面积大于200m² 的地下车站设备管理区，地下单个建筑面积大于50m² 且经常有人停留或可燃物较多的房间。 →连续长度大于一列列车长度的地下区间和全封闭车道。 →车站设备管理区内长度大于20m 的内走道，长度大于60m 的地下换乘通道、连接通道和出入口通道。 →车辆基地的地下停车库、列检库、停车列检库、运用库、联合检修库、镟轮库、工程车库。

（续）

地铁防火	◆地铁建筑应设置防烟设施的部位 →防烟楼梯间及其前室。 →避难走道及其前室。 →无自然通风的封闭楼梯间。 ◆地铁建筑设置防排烟设施的设置标准 →站厅公共区内每个防烟分区的最大允许建筑面积不应大于 $2000m^2$，设备管理区内每个防烟分区的最大允许建筑面积不应大于 $750m^2$。排烟口和排烟阀应按防烟分区设置。 →机械防烟系统和机械排烟系统可与正常通风系统合用，合用的通风系统应符合防烟、排烟系统的要求，且该系统由正常运转模式转为防烟或排烟运转模式的时间不应大于180s。 →地上车站宜采用自然排烟方式，其中不符合自然排烟要求的场所应设置机械排烟设施。地下区间的排烟宜采用纵向通风控制方式。 →排烟量应按各防烟分区的建筑面积不小于 $60m^3/(m^2 \cdot h)$ 分别计算；当防烟分区中包含轨道区时，应按列车设计火灾规模计算排烟量；地下站台的排烟量还应保证站厅到站台的楼梯或扶梯口处具有不小于 1.5m/s 的向下气流。

（续）

地铁防火	◆**地铁建筑火灾自动报警系统的设置场所** →车站、地下区间、区间变电所及系统设备用房、主变电所、控制中心、车辆基地应设置火灾自动报警系统。 →应设置火灾探测器的部位和场所： ① 车站公共区、茶水间。 ② 车站设备管理区内的房间、电梯井道上部。 ③ 地下车站设备管理区内长度大于 20m 的走道、长度大于 60m 的地下。 ④ 连通道和出入口通道。 ⑤ 主变电所的设备间。 ⑥ 车辆基地的综合楼、信号楼、变电所和其他设备间、办公室。 ⑦ 防火卷帘两侧。 ⑧ 站台下的电缆通道、变电所电缆夹层的电缆桥架上。 ⑨ 车辆基地的停车库、列检库、停车列检库、运用库、联合检修库及物资库等库房。 ◆**地铁建筑火灾自动报警系统的设置标准** →地铁工程的火灾自动报警系统应由中央级、车站级或车辆基地级、现场级火灾自动报警系统及相关通信网络组成。 →地下车站、区间隧道和控制中心，按火灾报警一级保护对象设计。 →设有集中空调系统或每层封闭的建筑面积超过 $2000m^2$，但面积不超过 $3000m^2$ 的地面车站、高架车站，保护等级应为二级，面积超过 $3000m^2$ 的保护等级应为一级。

（续）

地铁防火

◆地铁建筑消防通信系统的设置场所

→车站车控室（兼消防控制室）、控制中心大楼消防值班室、车辆段（停车场）信号楼控制室（兼消防控制室）应设消防专用电话总机，宜选择共电式电话总机或对讲通信电话设备。

◆地铁建筑消防通信系统的设置标准

→在车站、控制中心大楼、车辆段（停车场）的消防泵房、气体灭火钢瓶间及环控电控室、通信设备室、信号设备室、开关柜室、整流变压器室、公网引入室、屏蔽门设备室等所有气体灭火保护的设备用房，建议设置固定消防专用电话分机。

→在手动火灾报警按钮、消火栓按钮等处设置电话塞孔。电话塞孔可分区域采用共线方式接入消防专用电话总机。

◆地铁建筑消防设施消防配电

→消防用电设备应按一级负荷供电。

→火灾自动报警系统、环境与设备监控系统、变电所操作电源和地下车站及区间的应急照明用电负荷应为特别重要负荷。

→消防用电设备的所有电线电缆均应为铜芯。

→地下线路敷设的电线电缆应采用低烟无卤阻燃电线电缆，地上线路宜采用低烟无卤阻燃电线电缆。

→消防用电设备的配电线路应采用耐火电线电缆，由变电所引至重要消防用电设备的电源主干线及分支干线，宜采用矿物绝缘类不燃性电缆。

（续）

地铁防火

◆**地下车站火灾工况运作模式**

→当车站发生火灾时，开启车站通风排烟系统，6min 内在起火层控制住火灾烟气不进入安全区，疏散路径内烟气层应保持在 1.5m 及以上高度，在疏散楼梯口形成 1.5m/s 的向下气流，阻止烟气蔓延至起火层以上的楼层，人员迎着新风向疏散。

→位于站厅的自动检票机门处于敞开状态，同时打开位于非付费区和付费区之间所有栅栏门，使乘客无阻挡通过出入口，疏散到地面。

→确认火灾后，应通过应急广播、信息显示或人员管理等措施，劝阻地面出入口处乘客不再进入车站。

→确认火灾后，控制中心调度应使其他列车不再进入事故车站或快速通过不停站。

◆**区间隧道火灾工况运作模式**

→列车在区间内发生火灾时，在列车完好且未失去动力情况下，应将列车开行至前方车站，在车站组织人员疏散。

→火灾列车滞留在区间内时，应纵向组织通风排烟，保证疏散路径处于新风区。

→在区间隧道火灾时启动通风排烟系统，应能在隧道内控制火灾烟气定向流动，上风方向人员迎着新风向疏散。

→区间火灾排烟应按单洞区间隧道断面的排烟流速不小于 2m/s，且高于计算临界烟气控制流速，但排烟流速不得大于 11m/s 设计，并应保证烟气不进入车站隧道区域。

（2）城市隧道防火

城市隧道防火

◆隧道火灾危害性

- 人员伤亡众多。
- 经济损失巨大。
- 次生灾害危害严重。

◆隧道火灾特点

- 火灾多样性。
- 起火点移动性。
- 燃烧形式多样性。
- 火灾蔓延跳跃性。
- 火灾烟气流动性。
- 安全疏散局限性。
- 灭火救援艰难性。

◆隧道建筑结构耐火

- 构件燃烧性能要求：
  为了减少隧道内固定火灾荷载，隧道衬砌、附属构筑物、疏散通道的建筑材料及其内装修材料，除施工缝嵌封材料外均应采用不燃烧材料。
- 结构耐火极限要求：
  用于安全疏散、紧急避难和灭火救援的平行导洞、横向联络道、竖（斜）井、专用疏散避难通道、独立避难间等，其承重结构耐火极限不应低于隧道主体结构耐火极限的要求。
- 结构防火隔热措施：
  隧道结构防火隔热措施包括喷涂防火涂料或防火材料、在衬砌中添加聚丙烯纤维或安装防火板等。

（续）

城市隧道防火	◆隧道建筑防火分隔 →隧道内地下设备用房的每个防火分区的最大允许建筑面积不应大于 1500m²，防火分区间应采用防火墙和甲级防火门进行分隔。 →隧道内的变电站、管廊、专用疏散通道、通风机房及其他辅助用房等，应采用耐火极限不低于 2.00h 的防火隔墙和乙级防火门等分隔措施与车行隧道分隔。 →隧道内的水平防火分区应采用防火墙进行分隔，用于人员安全疏散的附属构筑物与隧道连通处宜设置前室或过渡通道，其开口部位应采用甲级防火门，用于车辆疏散的辅助通道、横向联络道与隧道连接处应采用耐火极限不低于 3.00h 的防火卷帘进行分隔。 →隧道内的通风、排烟、电缆、排水等管道（管沟）等需要采取防火分隔措施进行分隔。当通风、排烟管道穿越防火分区时，应在防火构件的两侧设置防火阀和排烟防火阀。 →隧道行车道旁的电缆沟，其侧沿应采用不渗透液体的结构，电缆沟顶部应高于路面，且不应小于 200mm。当电缆沟跨越防火分区时，应在穿越处采用耐火极限不低于 1.00h 的防火封堵组件进行防火封堵。 →辅助用房应靠近隧道出入口或疏散通道、疏散联络道等设置。 →辅助用房之间应采用耐火极限不低于 2.00h 的防火隔墙分隔，隔墙上应设置能自行关闭的甲级防火门。辅助用房应设置相应的火灾报警和灭火设施。 →有人员的房间应设置通风和防烟排烟系统。 →为隧道供电的柴油发电机房，还应设置储油间，其总储量不应超过 1m³，储油间应采用防火墙和能自行关闭的甲级防火门与发电机房和其他部位分隔开，储油间的电气设施必须采用相应的防爆型电器。

（续）

城市隧道防火	◆隧道的安全出口 →安全出口是开设在两车道孔之间的隔墙上的疏散门，作为两孔互为备用的疏散口，人员疏散和救援可由非着火隧道进行，安全快捷。 →隧道内地下设备用房的每个防火分区安全出口数量不应少于2个，与车道或其他防火分区相通的出口可作为第二安全出口，但必须至少设置1个直通室外的安全出口。 →建筑面积不大于500m² 且无人值守的设备用房可设置1个直通室外的安全出口。 ◆隧道安全通道的分类 →利用横洞作为疏散联络道，两座隧道互为安全疏散通道。 →利用平行导坑作为疏散通道。 →利用竖井、斜井等设置人员疏散通道。 →利用多种辅助坑道组合设置人员疏散通道。 ◆隧道安全通道的设置 →矩形双孔（或多孔）加管廊的隧道： ① 在两孔车道之间的中间管廊内设置安全通道，并沿纵向每隔80~125m向安全通道内开设一对安全门。 ② 安全通道两端应与隧道洞口或通向地面的疏散楼梯相连，发生火灾时，人员从一孔隧道进入安全门，穿越安全通道至另一孔隧道。

（续）

城市隧道防火

→圆形隧道：

① 在圆形隧道的两孔隧道之间设置连接通道，并在通道的两端设置防火门。

② 当一条隧道发生火灾时，人员可通过横通道疏散至另一条隧道进行疏散。

③ 连接通道的间距一般宜为 400~800m，当设有其他相应的安全疏散措施时，间距可适当放大。

④ 圆形隧道的安全通道常设置在车道板下，通过安全口和爬梯、滑梯进出。

⑤ 人员可从安全口经安全通道进行长距离疏散。

→在设有安全通道的情况下，其安全口的设置间距一般可取 80~125m。

◆隧道的疏散楼梯

→双层隧道上、下层车道之间在有条件的情况下可以设置疏散楼梯，发生火灾时，通过疏散楼梯至另一层隧道，间距一般取 100m 左右。

◆隧道的避难室

→避难室与隧道车道形成独立的防火分区，并通过设置气闸等措施，阻止火灾及烟雾进入。

→避难室大小和间距根据交通流量和疏散人员数量确定。

（续）

城市隧道防火	**◆隧道的消防给水系统** →隧道内的消防用水量应按隧道的火灾延续时间和隧道全线同一时间发生一次火灾计算确定，一、二类隧道的火灾延续时间不应小于 3h，三类隧道的火灾延续时间不应小于 2h。 →隧道内的消防用水量应按同时开启所有灭火设施的用水量之和计算。 →隧道内宜设置独立的消防给水系统，严寒和寒冷地区的消防给水管道及室外消火栓应采取防冻措施，当采用干式给水系统时，应在管网的最高部位设置自动排气阀，管道的充水时间不宜大于 90s。 →隧道内的消火栓用水量不应小于 20L/s，隧道外的消火栓用水量不应小于 30L/s；对于长度小于 1000m 的三类隧道，隧道内、外的消火栓用水量可分别为 10L/s 和 20L/s。 →管道内的消防供水压力应保证用水量达到最大时，最不利点处的水枪充实水柱不小于 10m，消火栓栓口处的出水压力大于 0. 5MPa 时，应设置减压设施。 →在隧道出入口处应设置消防水泵接合器和室外消火栓。隧道内消火栓的间距不应大于 50m，消火栓的栓口距地面高度宜为 1. 1m。 →设置消防水泵供水设施的隧道，应在消火栓箱内设置消防水泵启动按钮。 →应在隧道单侧设置室内消火栓箱，消火栓箱内应配置 1 支喷嘴口径 19mm 的水枪和 1 盘长 25m、直径 65mm 的水带，并宜配置消防软管卷盘。 →有危险品运输车辆通行的隧道宜设置泡沫消火栓系统。

（续）

城市隧道防火

◆隧道的自动喷水灭火系统

→对于危险级别较高的隧道，为保护隧道的主体结构，有些还采用自动喷水灭火系统，其类型一般为水喷雾灭火系统或泡沫水喷雾联用灭火系统，以达到更好的灭火及保护效果。

→水雾喷头宜采用侧式安装的隧道专用远近射程水雾喷头。

◆隧道的灭火器

→隧道内应设置 ABC 类灭火器，设置点间距不应大于 100m。

→通行机动车的一、二类隧道和通行机动车并设置 3 条及以上车道的三类隧道，在隧道两侧均应设置灭火器，每个设置点不应少于 4 具；其他隧道，可在隧道一侧设置，每个设置点不应少于 2 具。

◆隧道警报设施的一般规定

→隧道入口处 100~150m 处，应设置警报信号装置。

→通行机动车辆的一、二类隧道应设置火灾自动报警系统，无人值守的变压器室、高低压配电室、照明配电室、弱电机房等主要设备用房，宜设置早期火灾探测报警系统。

→其他用房内可采用智能感烟探测器对火灾进行检测和报警。当隧道封闭段长度超过 1000m 时，宜设置消防控制室。

◆隧道警报系统设置

→当隧道长度小于 1500m 时，可设置一台火灾报警控制器；长度大于或等于 1500m 的隧道，可设置一台主火灾报警控制器和多台分火灾报警控制器，其间宜采用光纤通信连接。

→一般在不大于 45m 范围内设一个双波长火灾探测器，安装在隧道的侧壁或顶部；光纤分布式温度监测（差温）系统以长线形（二车道）和环形（三车道）方式在探测区域从头至尾敷设，安装在隧道的顶部。车行隧道内每隔 100~150m 设置手动报警按钮。

（续）

城市隧道防火

◆隧道防烟排烟系统的一般规定

→通行机动车的一、二、三类隧道应设置防烟排烟设施。

→当隧道长度短、交通量低时，火灾发生概率较低，人员疏散比较容易，可以采用洞口自然排烟方式。

→隧道的避难设施内应设置独立的机械加压送风系统，其送风的余压值应为 30~50Pa。

◆隧道排烟模式

→长度大于3000m 的隧道，宜采用纵向分段排烟方式或重点排烟方式。长度不大于 3000m 的单洞单向交通隧道，宜采用纵向排烟方式；单洞双向交通隧道，宜采用重点排烟方式。

→纵向排烟：
① 常用的烟气控制方式。
② 较适用于单向行驶、交通量不大的隧道。
③ 采用纵向排烟方式时，应能迅速组织气流、有效排烟，其排烟风速应根据隧道内的最不利火灾规模确定，且纵向气流的速度不应小于 2m/s，并应大于临界风速。

→横向（半横向）排烟：
① 常用的烟气控制方式。
② 适用于单管双向交通或交通量大、阻塞发生率较高的单向交通隧道。

→重点排烟：
① 将烟气直接从火源附近排走的一种方式。
② 适用于双向交通的隧道或交通量较大、阻塞发生率较高的隧道。排烟口的大小和间距对烟气的控制有较明显的影响。

→排烟设施：
① 排烟风机和烟气流经的风阀、消声器、软接等辅助设备，应能承受设计的隧道火灾烟气排放温度，并应能在 250℃下连续正常运行不小于 1h。
② 排烟管道的耐火极限不应低于 1.00h。隧道内用于火灾排烟的射流风机，应至少备用一组。

（续）

城市隧道防火

◆隧道通信系统

→消防专用电话系统：

① 防灾控制室应与消防救援机构设置直线电话。

② 隧道内应设置消防紧急电话，一般每 100m 宜设置一台。

→广播系统：

① 火灾事故广播无须单独设置，可与隧道运营广播系统合用一套系统。

② 火灾事故广播具有优先权。

→电视监视系统：

在防灾控制室内设置独立的火灾监视器，监视隧道内的灾情，其他电视监视设备与运营监视等共用一套设备。

→消防无线通信系统：

① 应将城市地面消防无线通信电波延伸至隧道内，当发生灾害时可通过无线通信系统进行指挥和协调。

② 系统方案应根据当地消防无线通信系统的制式和频点进行设置。

◆隧道消防供电

→一般规定：

一、二类隧道的消防用电按一级负荷要求供电，三类隧道的消防用电按二级负荷要求供电。

→应急照明和疏散指示标识：

① 隧道端口外接的站房，隧道两侧、人行横通道和人行疏散通道上应设置消防应急照明和疏散指示标识。

② 应急状态启动后，在蓄电池电源供电时的持续工作时间：一、二类隧道不应小于 1.5h，隧道端口外接的站房不应小于 2h；三、四类隧道不应小于 1h，隧道端口外接的站房不应小于 1.5h。

（续）

城市隧道防火	电缆选择和线路敷设： ① 公路隧道应采用阻燃耐火型电缆；城市隧道应采用无卤、低烟、阻燃耐火型电缆；长、大隧道应急照明主干线宜采用矿物绝缘电缆。 ② 穿管明敷时，应采用阻燃耐火型电线，并在钢管外面刷防火涂料或采用其他防火措施。 ③ 穿管暗敷时，应采用阻燃耐火型电线，并敷设在不燃性结构内，其保护层厚度不应小于30mm。

4 库房防火

(1) 飞机库防火

飞机库防火

◆火灾危险性

- 燃油流散遇火源引发火灾。
- 清洗飞机座舱引发火灾。
- 电气系统引发火灾。
- 静电引发火灾。
- 人为过失引发火灾。

◆总平面布局和平面布局的一般规定

- 危险品库房、装有油浸电力变压器的变电所不应设置在飞机库内或与飞机库贴邻建造。
- 飞机停放和维修区与其贴邻建筑的生产辅助用房之间的防火分隔措施，应根据生产辅助用房的使用性质和火灾危险性确定。
- 飞机库内不宜设置办公室、资料室、休息室等用房，若确需设置少量此类用房时，宜靠外墙设置，并应有直通安全出口或疏散走道的措施。
- 甲、乙类火灾危险性的使用场所和库房不得设在飞机库地下或半地下室内。
- 甲、乙、丙类物品暂存间不应设置在飞机库内。

（续）

飞机库防火

◆防火间距

- 一般情况下，两座相邻飞机库之间的防火间距不应小于13m。
- 当两座飞机库其相邻的较高一面外墙为防火墙时，其防火间距不限。
- 当两座飞机库其相邻的较低一面外墙为防火墙，且较低一座飞机库屋面结构的耐火极限不低于1.00h时，其防火间距不应小于7.5m。
- 当飞机库与喷漆机库贴邻建造时，应采用防火墙隔开。

飞机库

◆消防车道

- 飞机库周围应设环形消防车道，Ⅲ类飞机库可沿飞机库的两个长边设置消防车道。
- 当设置尽头式消防车道时，应设置回车场。消防车道的净宽度不应小于6.0m，消防车道边线距飞机库外墙不宜小于5.0m，消防车道上空4.5m以下范围内不应有障碍物。
- 飞机库的长边长度大于220m时，应设置进出飞机停放和维修区的消防车出入口，消防车出入飞机库的门净宽不应小于车宽加1.0m，门净高度不应小于车高加0.5m，且门的净宽度和净高度均不应小于4.5m。
- 供消防车取水的天然水源地或消防水池处，应设置消防车道和回车场。

（续）

飞机库防火	◆防火分区 →Ⅰ类飞机库： ① 防火分区允许最大建筑面积：50000m³。 ② 可停放和维修多架大型飞机。 →Ⅱ类飞机库： ① 防火分区允许最大建筑面积：5000m³。 ② 可停放和维修1~2架中型飞机。 →Ⅲ类飞机库： ① 防火分区允许最大建筑面积：3000m³。 ② 只能停放和维修小型飞机。 ◆耐火等级 →Ⅰ类飞机库的耐火等级应为一级，Ⅱ、Ⅲ类飞机库的耐火等级不应低于二级，飞机库地下室的耐火等级应为一级。 →飞机库建筑构件的燃烧性能均应为不燃烧体，其耐火极限不应低于相关规定。 →在飞机停放和维修区内，支承屋顶承重构件的钢柱和柱间钢支撑应采取防火隔热保护措施，并达到相应耐火等级建筑要求的耐火极限。 →飞机库飞机停放和维修区屋顶金属承重构件采取外包敷防火隔热板或喷涂防火隔热涂料等措施进行防火保护，当采用泡沫-水雨淋灭火系统或采用自动喷水灭火系统后，屋顶可采用无防火保护的金属构件。

（续）

飞机库防火	**◆建筑构造** →飞机库的防火墙应设置在基础上或相同耐火极限的承重构件上。 →输送可燃气体和甲、乙、丙类液体的管道严禁穿过防火墙。 →其他管道不宜穿过防火墙，当确需穿过时，应采用防火封堵材料将空隙填塞密实。 →飞机库的外围护结构、内部隔墙和屋面保温隔热层均应采用不燃烧材料。 →飞机库大门及采光材料应采用不燃烧或难燃烧材料。 →飞机停放和维修区的工作间壁、工作台和物品柜等均应采用不燃烧材料制作。 →飞机停放和维修区的地面应采用不燃烧体材料。 →飞机库地面下的沟、坑均应采用不渗透液体的不燃烧材料建造。 **◆安全疏散** →飞机停放和维修区的每个防火分区至少应有两个直通室外的安全出口，其最远工作地点到安全出口的距离不应大于75m。 →当飞机库大门上设有供人员疏散用的小门时，小门的最小净宽不应小于0.9m。 →飞机停放和维修区内的地下通行地沟应设有不少于两个通向室外的安全出口。 →在防火分隔墙上设置的防火卷帘门应设逃生门，当同时用于人员通行时，应设疏散用的平开防火门。 →当飞机库内供疏散用的门和供消防车辆进出的门为自控启闭时，均应有可靠的手动开启装置，飞机库大门应设置使用拖车、卷扬机等辅助动力设备开启的装置。 →飞机停放和维修区的地面上应设置标示疏散方向和疏散通道宽度的永久性标线，在安全出口处应设置明显指示标识。

（续）

飞机库防火	**◆供配电** →Ⅰ、Ⅱ类飞机库的消防电源负荷等级应为一级。 →Ⅲ类飞机库消防电源等级不应低于二级。 **◆飞机库防火设计中电气设计要求** →当飞机库设有变电所时，消防用电的正常电源宜单独引自变电所。 →当飞机库远离变电所或难以设置单独的电源线路时，应接自飞机库低压电源总开关的电源侧。 →消防用电设备的双路电源线路应分开敷设。 →当电线、电缆成束集中敷设时，应采用阻燃型铜芯电线、电缆。 →飞机停放和维修区内电源插座距地面安装高度应大于1.0m。 →飞机停放和维修区内疏散用应急照明的地面照度不应低于1.0lx。当应急照明采用蓄电池作电源时，其连续供电时间不应少于30min。 **◆消防给水和排水** →飞机库的消防水源及消防供水系统要满足火灾延续时间内室内外消火栓和各类灭火设备同时使用的最大用水量的要求。 →消防给水系统必须采取可靠措施防止泡沫液回流污染公共水源和消防水池。 →在飞机停放和维修区内应设排水系统。排水系统宜采用大口径地漏、排水沟等，地漏、排水沟的设置应采用防止外泄燃油流淌扩散的措施。 →排水系统采用地下管道时，进水口的连接管处应设水封。排水管宜采用不燃材料。

（续）

飞机库防火

◆消防水泵和消防泵房

→飞机库消防水泵应采用自灌式吸水方式，泵体最高处宜设自动排气阀，消防水泵的吸水口处宜设置过滤网，并应采取防止吸入空气的措施，水泵吸水管上应设置明杆式闸阀。

→消防水泵出水管上的阀门应为明杆式闸阀或带启闭指示标识的蝶阀，消防水泵及泡沫液泵的出水管上应安装流量计及压力表装置。

→泡沫炮及泡沫-水雨淋系统等功率较大的消防泵宜由内燃机直接驱动，当消防泵功率较小时，宜由电动机驱动。

→消防泵房宜采用自带油箱的内燃机，其燃油料储备量不宜小于内燃机 4h 的用量，并不大于 8h 的用量。

→当内燃机采用集中的油箱（罐）供油时，应设置储油间。消防泵房可设置自动喷水灭火系统或其他灭火设施。

◆灭火设备的选择

→Ⅰ类飞机库飞机停放和维修区内灭火系统的设置：

①泡沫-水雨淋灭火系统。

②在飞机库屋架内设闭式自动喷水灭火系统用于灭火、降温以保护屋架，飞机库内较低位置设置的远程消防泡沫炮等低倍数泡沫自动灭火系统和泡沫枪用于扑灭飞机库地面油火。

→Ⅱ类飞机库飞机停放和维修区内灭火系统的设置：

①设置远控消防泡沫炮灭火系统或其他低倍数泡沫自动灭火系统、泡沫枪。

②设置高倍数泡沫灭火系统和泡沫枪。

→Ⅲ类飞机库飞机停放和维修区内设置泡沫枪为主要灭火设施。

（续）

飞机库防火

◆**泡沫-水雨淋灭火系统的设置要求**

→在飞机停放和维修区内的泡沫-水雨淋灭火系统应分区设置，一个分区的最大保护地面面积不应大于1400m^2，每个分区应由一套雨淋阀组控制。

→泡沫-水雨淋灭火系统宜采用带溅水盘的开式喷头或吸气式泡沫喷头。

→设置在靠近屋面处，每只喷头的保护面积不应大于12.1m^2，喷头的间距不应大于3.7m。

→喷头距墙及机库大门内侧不应大于1.8m。

→泡沫混合液的设计供给强度要求：
当采用氟蛋白泡沫液和吸气式泡沫喷头时，不应小于8.0L/(min·m^2)；当采用水成膜泡沫液和开式喷头时，不应小于6.5L/(min·m^2)；经水力计算后的任意四个喷头的实际保护面积内的平均供给强度不应小于设计供给强度。

→泡沫-水雨淋灭火系统的连续供水时间不应小于45min。不设翼下泡沫灭火系统时，连续供水时间不应小于60min。泡沫液的连续供给时间不应小于10min。

◆**翼下泡沫灭火系统的设置要求**

→作用是对飞机机翼和机身下部喷洒泡沫，弥补泡沫-水雨淋灭火系统被大面积机翼遮挡的不足，控制和扑灭飞机初起火灾和地面燃油流散火。

→当飞机在停放和维修时发生燃油泄漏，可及时用泡沫覆盖，防止起火。

→宜采用低位消防泡沫炮、地面弹射泡沫喷头或其他类型的泡沫释放装置。

→低位消防泡沫炮应具有自动或远控功能，并应具有手动及机械应急操作功能。

（续）

飞机库防火	→泡沫混合液的设计供给强度：当采用氟蛋白泡沫液时，不应小于6.5L/(min·m^2)；当采用水成膜泡沫液时，不应小于4.1L/(min·m^2)；泡沫混合液的连续供给时间不应小于10min，连续供水时间不应小于45min。 **◆远控消防泡沫炮灭火系统的设置要求** →远控消防泡沫炮灭火系统应具有自动和远控功能，并应具有手动及机械应急操作功能。 →泡沫混合液的最小供给速率：Ⅰ类飞机库应为泡沫混合液的设计强度乘以5000m^2；Ⅱ类飞机库应为泡沫混合液的设计强度乘以2800m^2。 →泡沫液的连续供给时间不应小于10min。连续供水时间：Ⅰ类飞机库不应小于45min，Ⅱ类飞机库不应小于20min。 →泡沫炮的固定位置应保证两股泡沫射流到达被保护的飞机停放和维修区的任何部位。泡沫炮可设置在高位也可设置在低位，一般是高低位配合使用。 **◆泡沫枪的设置要求** →飞机库泡沫枪的布置应满足飞机停放和维修区内任一点发生火灾时能同时得到2支泡沫枪保护，泡沫液连续供给时间不应小于20min。 →泡沫枪宜采用室内消火栓接口，公称直径应为65mm，消防水带的长度不宜小于40m。

（续）

飞机库防火

◆高倍数泡沫灭火系统的设置要求

→泡沫的最小供给速率应为泡沫增高速率乘以最大一个防火分区的全部地面面积，泡沫增高速率应大于 0.9m/min。

→泡沫液和水的连续供给时间应大于 15min。

→高倍数泡沫发生器的数量和设置地点应满足均匀覆盖飞机停放和维修区地面的要求。

→移动式高倍数泡沫灭火系统的设置要求：

① 泡沫的最小供给速率应为泡沫增高速率乘以最大一架飞机的机翼面积，泡沫增高速率应大于 0.9m/min。

② 泡沫液和水的连续供给时间应大于 12min。

③ 为每架飞机设置的移动式泡沫发生器不应少于 2 台。

④ 移动式泡沫发生器适用于初起火灾，用于扑灭地面流散火或覆盖泄漏的燃油。

◆自动喷水灭火系统的设置要求

→飞机库飞机停放和维修区设置的自动喷水灭火系统，其设计喷水强度不应小于 7.0L/(min·m^2)，Ⅰ类飞机库作用面积不应小于 1400m^2，Ⅱ类飞机库作用面积不应小于 480m^2，一个报警阀控制的面积不应超过 5000m^2。

→自动喷水灭火系统的喷头宜采用快速响应喷头，公称动作温度宜采用 79℃，周围环境温度较高区域宜采用 93℃。

→Ⅲ类飞机库也可采用标准喷头，喷头公称动作温度宜为 162～190℃。

→自动喷水灭火系统的连续供水时间不应小于 45min。

（续）

飞机库防火	**◆火灾自动报警系统的设置要求——配置** →屋顶承重构件区宜选用感温探测器。 →在地上空间宜选用火焰探测器和感烟探测器。 →在地面以下的地下室和地面以下的通风地沟内有可燃气体聚集的空间、燃气进气间和燃气管道阀门附近应选用可燃气体探测器。 **◆火灾自动报警系统的设置要求——灭火设备的控制** →泡沫-水雨淋灭火系统、翼下泡沫灭火系统、远控消防泡沫炮灭火系统和高倍数泡沫灭火系统宜由2个独立且不同类型的火灾信号组合控制启动，并应具有手动功能。 →泡沫-水雨淋系统启动时，应能同时联动开启相关的翼下泡沫灭火系统。 →泡沫枪、移动式高倍数泡沫发生器和消火栓附近应设置手动启动消防泵的按钮，并应将反馈信号引至消防控制室。 →在Ⅰ、Ⅱ类飞机库的飞机停放和维修区内，应设置手动启动泡沫灭火装置，并应将反馈信号引至消防控制室。

（2）汽车库防火

汽车库防火	**◆汽车库、修车库的火灾危险性** →起火快，燃烧猛。 →火灾类型多，难以扑救。 →通风排烟难。 →灭火救援困难。 →火灾影响范围大。

（续）

汽车库防火	 汽车库 ◆总平面布局的一般规定 →汽车库、停车场不应布置在易燃、可燃液体或可燃气体的生产装置区和储存区内。 →汽车库不应与甲、乙类厂房和仓库贴邻或组合建造。 →地下、半地下汽车库内不应设置修理车位、喷漆间、充电间、乙炔间和甲、乙类物品库房。 →汽车库和修车库内不应设置汽油罐、加油机、液化石油气或液化天然气储罐、加气机。 →燃油或燃气锅炉、油浸变压器、充有可燃油的高压电容器和多油开关等，不应设置在汽车库内。必须贴邻汽车库布置时，应符合《建筑设计防火规范》（GB 50016—2014）（2018 年版）的有关规定。 →甲、乙类物品运输车的汽车库、修车库应为单层建筑，且应独立建造。当停车数量不大于 3 辆时，可与一、二级耐火等级的Ⅳ类汽车库贴邻，但应采用防火墙隔开。

（续）

<table>
<tr>
<td>汽车库防火</td>
<td>

油浸变压器

◆防火间距

→一、二级汽车库、修车库：

① 一、二级汽车库、修车库：10m。

② 三级汽车库、修车库：12m。

③ 一、二级厂房、仓库、民用建筑：10m。

④ 三级厂房、仓库、民用建筑：12m。

⑤ 四级厂房、仓库、民用建筑：14m。

→三级汽车库、修车库：

① 一、二级汽车库、修车库：12m。

② 三级汽车库、修车库：14m。

③ 一、二级厂房、仓库、民用建筑：12m。

④ 三级厂房、仓库、民用建筑：14m。

⑤ 四级厂房、仓库、民用建筑：16m。

→高层汽车库与其他建筑物，汽车库、修车库与高层建筑的防火间距应按以上的规定值增加3m。

→汽车库、修车库与甲类厂房的防火间距应按以上规定值增加2m。

→甲、乙类物品运输车的汽车库、修车库与民用建筑的防火间距不应小于25m，与重要公共建筑的防火间距不应小于50m。

→甲类物品运输车的汽车库、修车库与明火或散发火花地点的防火间距不应小于30m。
</td>
</tr>
</table>

(续)

汽车库防火	◆防火分区的最大允许面积 →汽车库应设防火墙、甲级防火门、防火卷帘等划分防火分区。 →一、二级汽车库： ① 单层汽车库：3000m^2。 ② 多层汽车库、半地下汽车库：2500m^2。 ③ 地下汽车库、高层汽车库：2000m^2。 →三级汽车库： ① 单层汽车库：1000m^2。 ② 多层汽车库、半地下汽车库：不允许。 ③ 地下汽车库、高层汽车库：不允许。 →敞开式、错层式、斜楼板式汽车库的上下连通层面积应叠加计算，每个防火分区的最大允许建筑面积不应大于以上规定的2倍。 →室内有车道且有人员停留的机械式汽车库，其防火分区最大允许建筑面积应按以上规定减少35%。 →汽车库内设有自动灭火系统，其每个防火分区的最大允许建筑面积不应大于以上规定的2倍。 ◆防火分区——机械式汽车库要求 →室内无车道且无人员停留的机械式汽车库，当停车数量超过100辆时，应采用无门、窗、洞口的防火墙分隔为多个停车数量不大于100辆的区域，但当采用防火隔墙和耐火极限不低于1.00h的不燃性楼板分隔成多个停车单元，且停车单元内的停车数量不大于3辆时，应分隔为停车数量不大于300辆的区域。

（续）

汽车库防火	**◆防火分区——甲、乙类物品运输车的汽车库** →甲、乙类物品运输车的汽车库，每个防火分区的最大允许建筑面积不应大于 500m²。 **◆防火分区——分散充电设施** →新建汽车库内配建的分散充电设施在同一防火分区内应集中布置，且应布置在一、二级耐火等级的汽车库的首层、二层或三层。 →当设置在地下或半地下时，宜布置在地下车库的首层，不应布置在地下建筑四层及以下。 →集中布置的充电设施区应设置独立的防火单元，当设置在单层汽车库内时，其最大允许建筑面积为 1500m²。 →当设置在多层汽车库内时，其最大允许建筑面积为 1250m²；当设置在地下汽车库或高层汽车库内时，其最大允许建筑面积为 1000m²。 →既有建筑未设置火灾自动报警系统、排烟设施、自动喷水灭火系统、消防应急照明以及疏散指示标识的地下、半地下和高层汽车库内，不得配建分散充电设施。 **◆防火分隔——附属建筑** →为汽车库、修车库服务的以下附属建筑，可与汽车库、修车库贴邻，但应采用防火墙隔开，并应设置直通室外的安全出口。 →储存量不大于 1.0t 的甲类物品库房。 →总安装容量不大于 5.0m³/h 的乙炔发生器间和储存量不超过 5 个标准钢瓶的乙炔气瓶库。 →1 个车位的非封闭喷漆间或不大于 2 个车位的封闭喷漆间。 →建筑面积不大于 200m² 的充电间和其他甲类生产场所。

（续）

汽车库防火	◆防火分隔——与其他建筑合建 →汽车库、修车库与其他建筑合建时，当贴邻建造时应采用防火墙隔开。 →设在建筑物内的汽车库（包括屋顶停车场）、修车库与其他部分之间，应采用防火墙和耐火极限不低于2.00h的不燃性楼板分隔。 →汽车库、修车库的外墙门、洞口的上方，应设置耐火极限不低于1.00h、宽度不小于1m的不燃性防火挑檐。 →汽车库、修车库的外墙上、下窗之间墙的高度，不应小于1.2m或设置耐火极限不低于1.00h、宽度不小于1m的不燃性防火挑檐。 ◆防火分隔——汽车库内设置修理车位 →停车部位与修车部位之间应采用防火墙和耐火极限不低于2.00h的不燃性楼板分隔。 →修车库内使用有机溶剂清洗和喷漆的工段，当超过3个车位时，均应采用防火隔墙等分隔措施。 ◆防火分隔——消防设施 →附设在汽车库、修车库内的消防控制室、自动灭火系统的设备室、消防水泵房和排烟、通风空气调节机房等，应采用防火隔墙和耐火极限不低于1.50h的不燃性楼板相互隔开或与相邻部位分隔。

（续）

汽车库防火

◆防火分隔——汽车坡道

→除敞开式汽车库、斜楼板式汽车库外，其他汽车库内的汽车坡道两侧应采用防火墙与停车区隔开，坡道的出入口应采用水幕、防火卷帘或甲级防火门等与停车区隔开。

→但当汽车库和汽车坡道上均设置自动灭火系统时，坡道的出入口可不设置水幕、防火卷帘或甲级防火门。

◆防火分隔——分散充电设施

→每个防火单元应采用耐火极限不低于2.00h的防火隔墙或防火卷帘、防火分隔水幕等与其他防火单元和汽车库其他部位分隔。

→防火隔墙上开设相互连通的门时，应采用耐火等级不低于乙级的防火门。

→分散充电设施当采用防火分隔水幕时，其设计应符合《自动喷水灭火系统设计规范》（GB 50084—2017）的有关规定。

→配建分散充电设施的地下、半地下和高层汽车库，应设置火灾自动报警系统、排烟设施、自动喷水灭火系统、消防应急照明和疏散指示标识。

◆人员安全出口

→除室内无车道且无人员停留的机械式汽车库外，汽车库、修车库内每个防火分区的人员安全出口不应少于2个，Ⅳ类汽车库和Ⅲ、Ⅳ类的修车库可设置1个。

→室内无车道且无人员停留的机械式汽车库可不设置人员安全出口，但应按相关规定设置供灭火救援用的楼梯间，且设汽车库检修通道，其净宽不应小于0.9m。

（续）

汽车库防火

◆疏散楼梯

→汽车库、修车库内的人员疏散主要依靠楼梯进行。

→建筑高度大于 32m 的高层汽车库、室内地面与室外出入口地坪的高差大于 10m 的地下汽车库，应采用防烟楼梯间。

→其他车库应采用封闭楼梯间；楼梯间和前室的门应采用乙级防火门，并应向疏散方向开启；疏散楼梯的宽度不应小于 1.1m。

→室内无车道且无人员停留的机械式汽车库，每个停车区域当停车数量大于 100 辆时，应至少设置 1 个楼梯间。

→楼梯间与停车区域之间应采用防火隔墙进行分隔，楼梯间的门应采用乙级防火门；楼梯的净宽不应小于 0.9m。

→与住宅地下室相连通的地下、半地下汽车库，人员疏散可借用住宅部分的疏散楼梯。

→当不能直接进入住宅部分的疏散楼梯间时，应在地下、半地下汽车库与住宅部分的疏散楼梯之间设置连通走道，走道应采用防火隔墙分隔。汽车库开向该走道的门均应采用甲级防火门。

◆疏散距离

→汽车库室内任一点至最近人员安全出口的疏散距离不应大于 45m。当设置自动灭火系统时，其距离不应大于 60m。对于单层或设置在建筑首层的汽车库，室内任一点至室外出口的距离不应大于 60m。

（续）

汽车库防火	**◆汽车疏散出口** →汽车库的汽车疏散出口总数不应少于 2 个，且应分散布置。 →以下汽车库的汽车疏散出口可设置 1 个： ① Ⅳ类汽车库。 ② 设置双车道汽车疏散出口的Ⅲ类地上汽车库。 ③ 设置双车道汽车疏散出口、停车数量小于或等于 100 辆，且建筑面积小于 4000m^2 的地下或半地下汽车库。 →Ⅰ、Ⅱ类地上汽车库和停车数量大于 100 辆的地下、半地下汽车库，当采用错层或斜楼板式且车道、坡道为双车道时，其首层或地下一层至室外的汽车疏散出口不应少于 2 个，汽车库内其他楼层的汽车疏散坡道可设置 1 个。 →Ⅳ类汽车库设置汽车坡道有困难时，可采用汽车专用升降机作汽车疏散出口，升降机的数量不应少于 2 台，停车数少于 25 辆时，可设置 1 台。 →汽车疏散坡道的净宽度，单车道不应小于 3m，双车道不应小于 5.5m。 **◆消防给水** →汽车库、修车库应设置消防给水系统，耐火等级为一、二级的Ⅳ类修车库和耐火等级为一、二级且停放车辆不大于 5 辆的汽车库可不设消防给水系统。 →消防给水可由市政给水管道、消防水池或天然水源供给。利用天然水源时，应设有可靠的取水设施和通向天然水源的道路，并应在枯水期最低水位时，确保消防用水量。 →当室外消防给水采用高压或临时高压给水系统时，车库的消防给水管道的压力应保证在消防用水量达到最大时，最不利点水枪充实水柱不应小于 10m。 →当室外消防给水采用低压给水系统时，管道内的压力应保证灭火时最不利点消火栓的水压不小于 0.1MPa（从室外地面算起）。

(续)

汽车库防火	**◆室外消火栓系统** →汽车库应设室外消火栓给水系统，其室外消防用水量应按消防用水量最大的一座计算。 →Ⅰ、Ⅱ类汽车库的室外消防用水量不应小于 20L/s；Ⅲ类汽车库、修车库的室外消防用水量不应小于 15L/s；Ⅳ类汽车库的室外消防用水量不应小于 10L/s。 →汽车库室外消防给水管道、室外消火栓、消防泵房的设置应按《消防给水及消火栓系统技术规范》（GB 50974—2014）的有关规定执行。 **◆室内消火栓系统** →汽车库应设室内消火栓给水系统。 →设置要求： ① Ⅰ、Ⅱ、Ⅲ类汽车库及Ⅰ、Ⅱ类修车库的用水量不应小于 10L/s，系统管道内的压力应保证相邻 2 个消火栓的水枪充实水柱同时到达室内任何部位。 ② Ⅳ类汽车库及Ⅲ、Ⅳ类修车库的用水量不应小于 5L/s，系统管道内的压力应保证 1 个消火栓的水枪充实水柱到达室内任何部位。 →车库室内消火栓水枪的充实水柱不应小于 10m，同层相邻室内消火栓的间距不应大于 50m，高层汽车库和地下汽车库、半地下汽车库室内消火栓的间距不应大于 30m。 →室内消火栓应设置在明显、易于取用的地方，以便于用户和消防救援人员及时找到和使用。 →室内无车道且无人员停留的机械式汽车库楼梯间及停车区的检修通道上应设置室内消火栓。

（续）

<table>
<tr><td>汽车库防火</td><td>

◆自动灭火系统

→设置范围：

① 除敞开式汽车库外，Ⅰ、Ⅱ、Ⅲ类地上汽车库，停车数大于10辆的地下、半地下汽车库，机械式汽车库，采用汽车专用升降机作汽车疏散出口的汽车库，Ⅰ类修车库均要设置自动喷水灭火系统。

② 环境温度低于4℃时间较短的非严寒或寒冷地区，可采用湿式自动喷水灭火系统，但应采取防冻措施。

→设置要求：

① 设置在汽车库内的自动喷水灭火系统，喷头应设置在汽车库停车位的上方或侧上方。

② 对于机械式汽车库，应按停车的载车板分层布置，且应在喷头的上方设置集热板；错层式、斜楼板式汽车库的车道、坡道上方均应设置喷头。

③ 室内无车道且无人员停留的机械式汽车库应选用快速响应喷头。

④ 应符合《自动喷水灭火系统设计规范》（GB 50084—2017）的有关规定。

◆其他固定灭火系统

→泡沫-水喷淋系统：

Ⅰ类地下、半地下汽车库、Ⅰ类修车库、停车数大于100辆的室内无车道且无人员停留的机械式汽车库等一旦发生火灾扑救难度大的场所。

→高倍数泡沫灭火系统：

地下、半地下汽车库可采用高倍数泡沫灭火系统。

→二氧化碳等气体灭火系统：

停车数量不大于50辆的室内无车道且无人员停留的机械式汽车库，可采用二氧化碳等气体灭火系统。

</td></tr>
</table>

（续）

汽车库防火	◆**火灾自动报警系统** →设置范围： 除敞开式汽车库外，Ⅰ类汽车库、修车库，Ⅱ类地下、半地下汽车库、修车库，Ⅱ类高层汽车库、修车库，机械式汽车库，以及采用汽车专用升降机作汽车疏散出口的汽车库应设置火灾自动报警系统。 →设置要求： 应符合规范要求。 ◆**防烟排烟** →设置范围： 除敞开式汽车库、建筑面积小于 1000m² 的地下一层汽车库外，汽车库应设置排烟系统。 →设置要求： ① 汽车库应划分防烟分区，防烟分区的建筑面积不宜大于 2000m²，且防烟分区不应跨越防火分区。 ② 防烟分区可采用挡烟垂壁、隔墙或从顶棚下凸出不小于 0.5m 的梁划分。 →排烟系统可采用自然排烟方式或机械排烟方式。 →机械排烟系统可与人防、卫生等排气、通风系统合用。 ◆**疏散指示标识和应急照明** →设置范围： 除停车数量不大于 50 辆的汽车库，以及室内无车道且无人员停留的机械式汽车库外，汽车库内应设置消防应急照明和疏散指示标识。 →设置要求： ① 消防应急照明灯宜设置在墙面或顶棚上，其地面最低水平照度不应低于 1.0lx。 ② 安全出口标识宜设置在疏散出口的顶部；疏散指示标识宜设置在疏散通道及其转角处，且距地面高度 1m 以下的墙面上。 ③ 通道上的指示标识，其间距不宜大于 20m。 ④ 用于疏散走道上的消防应急照明和疏散指示标识，可采用蓄电池作备用电源，但其连续供电时间不应小于 30min。

（续）

汽车库防火	**◆灭火器的配置** →除机械式汽车库外，汽车库、修车库均应配置灭火器。 →应符合《建筑灭火器配置设计规范》（GB 50140—2005）的有关规定。

（3）修车库防火

修车库防火	**◆总平面布局的一般规定** →不应布置在易燃、可燃液体或可燃气体的生产装置区和储存区内。 →Ⅰ类修车库应单独建造。 →Ⅱ、Ⅲ、Ⅳ类修车库可设置在一、二级耐火等级建筑的首层或与其贴邻，但不得与甲、乙类厂房、仓库、明火作业的车间、托儿所、幼儿园、中小学校的教学楼、老年人照料设施、病房楼及人员密集场所组合建造或贴邻。 →地下、半地下汽车库内不应设置修理车位、喷漆间、充电间、乙炔间和甲、乙类物品库房。 →修车库内不应设置汽油罐、加油机、液化石油气或液化天然气储罐、加气机。 →燃油或燃气锅炉、油浸变压器、充有可燃油的高压电容器和多油开关等，不应设置在修车库内。当受条件限制必须贴邻修车库布置时，应符合《建筑设计防火规范》（GB 50016—2014）（2018年版）的有关规定。 →甲、乙类物品运输车的修车库应为单层建筑，且应独立建造。当停车数量不大于3辆时，可与一、二级耐火等级的Ⅳ类汽车库贴邻，但应采用防火墙隔开。

（续）

修车库防火

◆防火间距

→有关防火间距的规定见汽车库防火。

◆防火分区——甲、乙类物品运输车修车库要求

→每个防火分区的最大允许建筑面积不应大于 500m^2。

◆防火分区——修车库要求

→修车库每个防火分区的最大允许建筑面积不应大于 2000m^2。

→当修车部位与相邻使用有机溶剂的清洗和喷漆工段采用防火墙分隔时，每个防火分区的最大允许建筑面积不应大于 4000m^2。

◆防火分区——附属建筑

→为修车库服务的以下附属建筑，可与修车库贴邻，但应采用防火墙隔开，并应设置直通室外的安全出口：

① 储存量不大于 1.0t 的甲类物品库房。

② 总安装容量不大于 5.0m^3/h 的乙炔发生器间和储存量不超过 5 个标准钢瓶的乙炔气瓶库。

③ 1 个车位的非封闭喷漆间或不大于 2 个车位的封闭喷漆间。

④ 建筑面积不大于 200m^2 的充电间和其他甲类生产场所。

◆防火分区——与其他建筑合建

→当贴邻建造时应采用防火墙隔开。

→设在建筑物内的修车库与其他部分之间，应采用防火墙和耐火极限不低于 2.00h 的不燃性楼板分隔。

→修车库的外墙门、洞口的上方，应设置耐火极限不低于 1.00h、宽度不小于 1m 的不燃性防火挑檐。

→修车库的外墙上、下窗之间墙的高度，不应小于 1.2m 或设置耐火极限不低于 1.00h、宽度不小于 1m 的不燃性防火挑檐。

（续）

修车库防火	**◆防火分区——汽车库内设置修理车位** →停车部位与修车部位之间应采用防火墙和耐火极限不低于2.00h的不燃性楼板分隔。 →修车库内使用有机溶剂清洗和喷漆的工段，当超过3个车位时，均应采用防火隔墙等分隔措施。 **◆防火分区——消防设施** →附设在汽车库、修车库内的消防控制室、自动灭火系统的设备室、消防水泵房和排烟、通风空气调节机房等，应采用防火隔墙和耐火极限不低于1.50h的不燃性楼板相互隔开或与相邻部位分隔。 **◆安全出口的设置** →见汽车库防火。 **◆汽车疏散出口** →修车库的汽车疏散出口总数不应少于2个，且应分散布置。 →Ⅱ、Ⅲ、Ⅳ类修车库的汽车疏散出口可设置1个。 →汽车疏散坡道的净宽度，单车道不应小于3m；双车道不应小于5.5m。 **◆消防给水** →修车库应设置消防给水系统，耐火等级为一、二级的Ⅳ类修车库可不设消防给水系统。 →消防给水可由市政给水管道、消防水池或天然水源供给。 →利用天然水源时，应设有可靠的取水设施和通向天然水源的道路，并应在枯水期最低水位时，确保消防用水量。 →当室外消防给水采用高压或临时高压给水系统时，车库的消防给水管道的压力应保证在消防用水量达到最大时，最不利点水枪充实水柱不应小于10m。 →当室外消防给水采用低压给水系统时，管道内的压力应保证灭火时最不利点消火栓的水压不小于0.1MPa（从室外地面算起）。

（续）

修车库防火

◆室外消火栓系统

- 修车库应设室外消火栓给水系统，其室外消防用水量应按消防用水量最大的一座计算。
- Ⅰ、Ⅱ类修车库的室外消防用水量不应小于 20L/s。
- Ⅲ类修车库的室外消防用水量不应小于 15L/s。
- Ⅳ类修车库的室外消防用水量不应小于 10L/s。
- 修车库室外消防给水管道、室外消火栓、消防泵房的设置应按《消防给水及消火栓系统技术规范》（GB 50974—2014）的有关规定执行。

◆室内消火栓系统

- 修车库应设室内消火栓给水系统。
- 设置要求：

  ① Ⅰ、Ⅱ类修车库的用水量不应小于 10L/s，系统管道内的压力应保证相邻 2 个消火栓的水枪充实水柱同时到达室内任何部位。

  ② Ⅲ、Ⅳ类修车库的用水量不应小于 5L/s，系统管道内的压力应保证 1 个消火栓的水枪充实水柱到达室内任何部位。
- 室内消火栓应设置在明显、易于取用的地方，以便于用户和消防救援人员及时找到和使用。

◆自动灭火系统

- Ⅰ类修车库均要设置自动喷水灭火系统。
- 设置要求：

  喷头应设置在汽车库停车位的上方或侧上方。
- 环境温度低于 4℃时间较短的非严寒或寒冷地区，可采用湿式自动喷水灭火系统，但应采取防冻措施。

（续）

修车库防火

◆其他固定灭火系统

→泡沫-水喷淋系统：

Ⅰ类修车库宜采用。

◆火灾自动报警系统

→设置范围：

除敞开式汽车库外，Ⅰ类修车库，Ⅱ类地下、半地下修车库，Ⅱ类高层修车库应设置火灾自动报警系统。

→设置要求：

①火灾自动报警系统的设计应按《火灾自动报警系统设计规范》（GB 50116-2013）的规定执行。

②气体灭火系统、泡沫-水喷淋系统、高倍数泡沫灭火系统以及设置防火卷帘、防烟排烟系统的联动控制设计，应符合《火灾自动报警系统设计规范》（GB 50116—2013）的有关规定。

◆防烟排烟

→设置范围：

除敞开式汽车库、建筑面积小于 1000m^2 的地下一层修车库外，修车库应设置排烟系统。

→设置要求：

① 修车库应划分防烟分区，防烟分区的建筑面积不宜大于 2000m^2，且防烟分区不应跨越防火分区。

② 防烟分区可采用挡烟垂壁、隔墙或从顶棚下凸出不小于 0.5m 的梁划分。

→排烟系统可采用自然排烟方式或机械排烟方式。

→机械排烟系统可与人防、卫生等排气、通风系统合用。

（续）

修车库防火	◆**灭火器的配置** →设置范围： 除机械式汽车库外，汽车库、修车库均应配置灭火器。 →设置要求： 灭火器的配置应符合《建筑灭火器配置设计规范》（GB 50140—2005）的有关规定。

5 重要机构防火

(1) 加油加气站防火

加油加气站防火

◆加气站火灾危险性

→泄漏引发事故。

→高压运行危险性大。

→天然气质量差带来危险。

→存在多种引火源。

→作业事故带来危险。

加气站

◆站址选择

→应符合城乡规划、环境保护和防火安全的要求。

→应选在交通便利、用户使用方便的地方。

→一级加油站、一级加气站、一级加油加气合建站、CNG 加气母站，不宜建在城市建成区，不应建在城市中心区。

→城市建成区内的加油加气站宜靠近城市道路，但不宜选在城市干道的交叉路口附近。

（续）

加油加气站防火	**◆平面布局** →车辆入口和出口应分开设置。 →站区内停车位和道路应符合下列规定： ① 站内车道或停车位宽度应按车辆类型确定。 ② 站内的道路转弯半径应按行驶车型确定，且不宜小于 9m。 ③ 站内停车位应为平坡，道路坡度不应大于8%，且宜坡向站外。 ④ 加油加气作业区内的停车位和道路路面不应采用沥青路面。 →在加油加气、加油加氢合建站内，宜将柴油罐布置在储气设施或储氢设施与汽油罐之间。 →加油加气作业区内，不得有明火地点或散发火花地点。 →柴油尾气处理液加注设施的布置应符合下列规定： ① 不符合防爆要求的设备，应布置在爆炸危险区域之外，且与爆炸危险区域边界线的距离不应小于 3m。 ② 符合防爆要求的设备，在进行平面布置时可按加油机对待。 ③ 当柴油尾气处理液的储液箱（罐）或撬装设备布置在加油岛上时，容量不得超过 1.2m^3，且储液箱（罐）或撬装设备应在岛的两侧边缘 100mm 和岛端 1.2m 以内布置。 →电动汽车充电设施应布置在辅助服务区内。 →加油加气站的变配电间或室外变压器应布置在作业区之外。变配电间的起算点应为门窗等洞口。 站房不应布置在爆炸危险区域。站房部分位于作业区内时，建筑面积等应符合《汽车加油加气加氢站技术标准》（GB 50156—2021）第 14.2.10 条的规定。 →当汽车加油加气加氢站内设置的非油品业务建筑物或设施时，不应布置在作业区内，与站内可燃液体或可燃气体设备的防火间距，应符合《汽车加油加气加氢站技术标准》（GB 50156—2021）有关三类保护物的规定。当站内经营性餐饮、汽车服务、驾驶员休息室等设施内设置明火设备时，应等同于“明火地点”或“散发火花地点”。 →汽车加油加气加氢站内的爆炸危险区域，不应超出站区围墙和可用地界线。 →汽车加油加气加氢站的工艺设备与站外建（构）筑物之间，宜设置高度不低于 2.2m 的不燃烧体实体围墙。 →加油加气作业区与辅助服务区之间应有界线标识。

（续）

加油加气站防火	**◆加油加气站建筑防火通用要求** →加油加气站内的站房及其他附属建筑物的耐火等级不应低于二级。 →当罩棚顶棚的承重构件为钢结构时，其耐火极限可为 0.25h，罩棚顶棚其他部分应采用不燃烧体建造。 →加气站、加油加气合建站内建筑物的门、窗应向外开。 →加油加气站站房可由办公室、值班室、营业室、控制室、变配电间、卫生间和便利店等组成，站房内可设非明火餐厨设备。 →加油岛、加气岛及汽车加油、加气场地宜设罩棚，罩棚应采用非燃烧材料制作，其有效高度不应小于 4.5m。罩棚边缘与加油机或加气机的平面距离不宜小于 2m。 →锅炉宜选用额定供热量不大于 140kW 的小型锅炉。 →站内地面雨水可散流排出站外。 →加油加气站的电力线路宜采用电缆并直埋敷设。 →钢制油罐、液化石油气储罐、液化天然气储罐和压缩天然气储气瓶组必须进行防雷接地，接地点不应少于 2 处。 **◆汽车加油站的建筑防火要求** →除撬装式加油装置所配置的防火防爆油罐外，加油站的汽油罐和柴油罐应埋地设置，严禁设在室内或地下室内。 →汽车加油站的储油罐应采用卧式油罐，油罐应采用钢制人孔盖，人孔应设操作井。设在行车道下面的人孔井应采用加油站车行道下专用的密闭井盖和井座。 →汽油罐与柴油罐的通气管应分开设置，通气管管口高出地面不应小于 4m，沿建（构）筑物的墙（柱）向上敷设的通气管，其管口应高出建筑物的顶面 1.5m 以上。 →加油机不得设在室内，位于加油岛端部的加油机附近应设防撞柱（栏），其高度不应小于 0.5m。 →油罐车卸油必须采用密闭方式。 →撬装式加油装置可用于政府有关部门许可的企业自用、临时或特定场所，其设计与安装应符合《采用撬装式加油装置的汽车加油站技术规范》（SH/T 3134—2002）和其他有关规范的规定。

（续）

加油加气站防火	 撬装式加油装置 **◆液化石油气加气站的建筑防火要求** →液化石油气罐严禁设在室内或地下室内。 →液化石油气储罐的进液管、液相回流管和气相回流管上应设止回阀。 →液化石油气储罐必须设置就地指示的液位计、压力表和温度计以及液位上、下限报警装置，储罐宜设置液位上限限位控制和压力上限报警装置。 →液化石油气压缩机进口管道应设过滤器。 →加气站和加油加气合建站应设置紧急切断系统。

（续）

加油加气站防火

◆压缩天然气加气站的建筑防火要求

→压缩天然气加气站的储气瓶（储气井）间宜采用开敞式或半开敞式钢筋混凝土结构或钢结构。屋面应采用非燃烧轻质材料制作。

→压缩机出口与第一个截断阀之间应设安全阀，压缩机进出口应设高、低压报警和高压越限停机装置。

→加气站内压缩天然气的储气设施宜选用储气瓶或储气井。储气瓶组或储气井与站内汽车通道相邻一侧，应设安全防撞栏或采取其他防撞措施。

→加气机不得设在室内。加气机的进气管道上宜设置防撞事故自动切断阀。加气机的加气软管上应设拉断阀。加气机附近应设防撞柱（栏）。

→天然气进站管道上应设紧急截断阀。

→加气站内的天然气管道和储气瓶组应设置泄压保护装置，泄压保护装置应采取防塞和防冻措施。

◆LNG 和 CNG 加气站的建筑防火

→在城市中心区内，各类 LNG 加气站应采用埋地 LNG 储罐、地下 LNG 储罐或半地下 LNG 储罐。

→非 LNG 撬装设备的地上 LNG 储罐等设备的设置，应符合下列规定：

① LNG 储罐之间的净距不应小于相邻较大罐直径的 1/2，且不应小于 2m。

② LNG 储罐组四周应设防护堤，堤内的有效容量不应小于其中 1 个最大 LNG 储罐的容量。

③ 防护堤内不应设置其他可燃液体储罐、CNG 储气瓶（组）或储气井。非明火汽化器和 LNG 泵可设置在防护堤内。

（续）

加油加气站防火	→箱式 LNG 撬装设备应符合下列规定： ① LNG 撬装设备的主箱体内侧应设拦蓄池，拦蓄池的有效容量不应小于 LNG 储罐的容量，且拦蓄池侧板的高度不应小于 1.2m，LNG 储罐外壁至拦蓄池侧板的净距不应小于 0.3m。 ② 拦蓄池的底板和侧板应采用耐低温不锈钢材料，并应保证拦蓄池有足够的强度和刚度。 ③ LNG 撬装设备的主箱体应包覆撬体上的设备。 ④ LNG 撬装设备的主箱体应采取通风措施，并符合有关规范的规定。箱体材料应为金属材料，不得采用可燃材料。 →地下或半地下 LNG 储罐宜采用卧式储罐，并应安装在罐池中。 →加气机不得设置在室内。加气机附近应设置防撞（柱）栏，其高度不应小于 0.5m。 →当 LNG 管道需要采用封闭管沟敷设时，管沟应采用中性沙子填实。 **◆灭火器材配置** →每 2 台加气机应配置不少于 2 具 4kg 手提式干粉灭火器，加气机不足 2 台应按 2 台配置。 →每 2 台加油机应配置不少于 2 具 4kg 手提式干粉灭火器，或 1 具 4kg 手提式干粉灭火器和 1 具 6L 泡沫灭火器。加油机不足 2 台应按 2 台配置。 →地上 LPG 储罐、地上 LNG 储罐、地下和半地下 LNG 储罐、CNG 储气设施，应配置 2 台不小于 35kg 推车式干粉灭火器。当两种介质储罐之间的距离超过 15m 时应分别配置。 地下储罐应配置 1 台不小于 35kg 推车式干粉灭火器。当两种介质储罐之间的距离超过 15m 时应分别配置。 →LPG 泵和 LNG 泵、压缩机操作间（棚），应按建筑面积每 50m² 配置不少于 2 具 4kg 手提式干粉灭火器。

（续）

加油加气站防火	一、二级加油站应配置灭火毯5块、沙子$2m^3$；三级加油站应配置灭火毯不少于2块、沙子$2m^3$。加油加气合建站应按同级别的加油站配置灭火毯和沙子。 ◆**消防给水系统的设计要求** →消防给水宜利用城市或企业已建的消防给水系统，当已有给水系统不能满足消防给水的要求时，应自建消防给水系统。 →消防给水管道可与站内的生产、生活给水管道合并设置，但应保证消防用水量的要求。消防水量应按固定式冷却水量和移动水量之和计算。 →液化石油气加气站采用地上储罐的，消火栓消防用水量不应小于20L/s，连续给水时间不应小于3h；采用埋地储罐的，一级站消火栓消防用水量不应小于15L/s，二、三级站消火栓消防用水量不应小于10L/s，连续给水时间不应小于1h。 →总容积超过$50m^3$的地上储罐应设置固定式消防冷却水系统，其冷却水供给强度不应小于0.15L/(m^2·s)，着火罐的供水范围应按其全部表面积计算，距着火罐直径与长度之和0.75倍范围内的相邻储罐的供水范围，可按相邻储罐表面积的一半计算。 →液化石油气加气站、加油和液化石油气加气合建站利用城市消防给水管道时，室外消火栓与液化石油气储罐的距离宜为30~50m。三级站的液化石油气罐距市政消火栓不大于80m，且市政消火栓给水压力大于0.2MPa时，站内可不设室外消火栓。 →消防水泵宜设2台。当设2台消防水泵时，可不设备用泵。当计算消防用水量超过35L/s时，消防水泵应设双动力源。 →固定式消防喷淋冷却水的喷头出口处给水压力不应小于0.2MPa。移动式消防水枪出口处给水压力不应小于0.2MPa，并应采用多功能水枪。

（续）

加油加气站防火	◆**应设消防给水系统的条件** →设置有地上 LNG 储罐的一、二级 LNG 加气站和地上 LNG 储罐总容积大于 $60m^3$ 的合建站应设消防给水系统。 →一级站消火栓消防用水量不小于 20L/s，二级站不小于 15L/s，连续给水时间为 2h。  LNG 储罐 ◆**应不设消防给水系统的条件** →加油站、CNG 加气站、三级 LNG 加气站和采用埋地、地下和半地下 LNG 储罐的各级 LNG 加气站及合建站。 →合建站中，地上 LNG 储罐总容积不大于 $60m^3$。 →LNG 加气站位于市政消火栓保护半径 150m 以内，且能满足一级站供水量不小于 20L/s 或二级站供水量不小于 15L/s。 →LNG 储罐之间的净距不小于 4m，且在 LNG 储罐之间设置耐火极限不低于 3.00h 的钢筋混凝土防火隔墙。防火隔墙顶部高于 LNG 储罐顶部，长度至两侧防护堤，厚度不小于 200mm。

（续）

加油加气站防火	└→LNG 加气站位于城市建成区以外，且为严重缺水地区；LNG 储罐、放空管、储气瓶（组）、卸车点与站外建（构）筑物的安全距离不小于《汽车加油加气加氢站技术标准》（GB 50156—2021）所规定安全距离的2倍；LNG 储罐之间的净距不小于4m，灭火器的配置数量在《汽车加油加气加氢站技术标准》（GB 50156—2021）规定的基础上增加1倍。 **◆火灾报警系统** →加气站、加油加气合建站应设置可燃气体检测报警系统。 →加气站、加油加气合建站内设置有 LPG 设备、LNG 设备的场所和设置有 CNG 设备（包括罐、瓶、泵、压缩机等）的房间内及罩棚下，应设置可燃气体检测器。 →可燃气体检测器一级报警设定值应小于或等于可燃气体爆炸下限的25%。 →LPG 储罐和 LNG 储罐应设置液位上、下限报警装置和压力上限报警装置。 →报警控制器宜集中设置在控制室或值班室内。 →报警系统应配有不间断电源。 →可燃气体检测器和报警器的选用和安装，应符合《石油化工可燃气体和有毒气体检测报警设计规范》（GB 50493—2009）的有关规定。 └→LNG 泵应设超温、超压自动停泵保护装置。 **◆供配电** └→加油加气站的供电负荷等级可为三级，信息系统应设不间断供电电源。

（续）

加油加气站防火	→加油站、LPG 加气站、加油和 IPG 加气合建站的供电电源，宜采用电压为 380/220V 的外接电源；CNG 加气站、LNG 加气站、L-CNG 加气站、加油和 CNG（或 LNG 加气站、L-CNG-气站）加气合建站的供电电源，宜采用电压为 6/10kV 的外接电源。 →加油站、加气站及加油加气合建站的消防泵房、罩棚、营业室、LPG 泵房、压缩机间等处，均应设事故照明。 →当引用外电源有困难时，加油加气站可设置小型内燃发电机组。内燃机的排烟管口应安装阻火器。排烟管口至各爆炸危险区域边界的水平距离，应符合下列规定： →① 排烟口高出地面 4. 5m 以下时，不应小于 5m。 ② 排烟口高出地面 4. 5m 及以上时，不应小于 3m。 →加油加气站的电力线路宜采用电缆并直埋敷设。电缆穿越行车道部分，应穿钢管保护。 →当采用电缆沟敷设电缆时，加油加气作业区内的电缆沟内必须充沙填实。电缆不得与油品、LPG、LNG 和 CNG 管道以及热力管道敷设在同一沟内。 →爆炸危险区域内的电气设备选型、安装、电力线路敷设等，应符合《爆炸危险环境电力装置设计规范》（GB 50058—2014）的有关规定。 →加油加气站内爆炸危险区域以外的照明灯具，可选用非防爆型。罩棚下处于非爆炸危险区域的灯具，应选用防护等级不低于 IP44 级的照明灯具。 **◆防雷接地的条件** →钢制油罐、LPG 储罐、LNG 储罐和 CNG 储气瓶组必须进行防雷接地，接地点不应少于 2 处。 →CNG 加气母站和 CNG 加气子站的车载 CNG 储气瓶组拖车停放场地，应设 2 处临时用固定防雷接地装置。

（续）

加油加气站防火	◆加油加气站的电气接地 →防雷接地、防静电接地、电气设备的工作接地、保护接地及信息系统的接地等，宜共用接地装置，其接地电阻应按其中接地最小的接地电阻值确定。 →当各自单独设置接地装置时，油罐、LPG 储罐、LNG 储罐和 CNG 储气瓶组的防雷接地装置的接地电阻、配线电缆金属外皮两端和保护钢管两端的接地装置的接地电阻不应大于 10Ω，电气系统的工作和保护接地电阻不应大于 4Ω，地上油品、LPG、CNG 和 LNG 管道始末端和分支处接地装置接地电阻不应大于 30Ω。 ◆可不另设防雷和防静电接地装置的条件 →LPG 储罐采用牺牲阳极法进行阴极防腐时，牺牲阳极的接地电阻不应大于 10Ω，阳极与储罐的铜芯连线横截面面积不应小于 $16m^2$。 →LPG 储罐采用强制电流法进行阴极防腐时，接地电极应采用锌棒或镁锌复合棒，其接地电阻不应大于 10Ω，接地电极与储罐的铜芯连线横截面面积不应小于 $16mm^2$。 ◆接闪器的规定 →当加油加气站内的站房和罩棚等建筑物需要防直击雷时，应采用避雷带（网）保护。当罩棚采用金属屋面时，宜利用屋面作为接闪器。 →板间的连接应是持久的电气贯通，可采用铜锌合金焊、熔焊、卷边压接、缝接、螺钉或螺栓连接。 →金属板下面不应有易燃物品，热镀锌钢板的厚度不应小于 0.5mm，铝板的厚度不应小于 0.65mm，锌板的厚度不应小于 0.7mm。 →金属板应无绝缘被覆层（薄的油漆保护层、1mm 厚沥青层或 0.5mm 厚聚氯乙烯层均不属于绝缘被覆层）。

（续）

加油加气站防火	**◆有关防雷、防静电的其他规定** →埋地钢制油罐、埋地 LPG 储罐和埋地 LNG 储罐，以及非金属油罐顶部的金属部件和罐内的各金属部件，应与非埋地部分的工艺金属管道相互进行电气连接并接地。 →加油加气站内油气放散管在接入全站共用接地装置后，可不单独做防雷接地。 →加油加气站的信息系统应采用铠装电缆或导线穿钢管配线。配线电缆金属外皮两端、保护钢管两端均应接地。 →加油加气站信息系统的配电线路首、末端与电子器件连接时，应装设与电子器件耐压水平相适应的过电压（电涌）保护器。 →380/220V 供配电系统宜采用 TN-S 系统，当外供电源为 380V 时，可采用 TN-C-S 系统。供电系统的电缆金属外皮或电缆金属保护管两端均应接地，在供配电系统的电源端应安装与设备耐压水平相适应的过电压（电涌）保护器。 →地上或管沟敷设的油品管道、LPG 管道、LNG 管道和 CNG 管道，应设防静电和防感应雷的共用接地装置，其接地电阻不应大于 30Ω。 →加油加气站的汽油罐车、LPG 罐车和 LNG 罐车卸车场地，应设卸车或卸气时用的防静电接地装置，并应设置能检测跨接线及监视接地装置状态的静电接地仪。 →在爆炸危险区域内工艺管道上的法兰、胶管两端等连接处，应用金属线跨接。当法兰的连接螺栓不少于 5 根时，在非腐蚀环境下可不跨接。 →油罐车卸油用的卸油软管、油气回收软管与两端快速接头，应保证可靠的电气连接。 →采用导静电的热塑性塑料管道时，导电内衬应接地；采用不导静电的热塑性塑料管道时，不埋地部分的热熔连接件应保证长期可靠的接地，也可采用专用的密封帽将连接管件的电熔插孔密封，管道或接头的其他导电部件也应接地。

（续）

加油加气站防火	→油品罐车、LPG 罐车、LNG 罐车卸车场地内用于防静电跨接的固定接地装置，不应设置在爆炸危险 1 区。 →防静电接地装置的接地电阻不应大于 100Ω。  LPG 罐车

（2）发电厂与变电站防火

发电厂与变电站防火	◆**火力发电厂的火灾危险性** →煤的自燃。 →锅炉爆燃。 →油料泄漏。 →氢气泄漏。 →液氨泄漏。 →电气设备与线缆起火。 ◆**火力发电厂的防火设计要求——总平面设计** →主厂房是火力发电厂生产的核心，围绕主厂房应划分为一个重点防火区域。

（续）

发电厂与变电站防火

→室外配电装置区内多为带油电气设备，其安全运行是火力发电厂及电网安全运行的重要保证，应划分为一个重点防火区域。

→点火油罐一般储存可燃油品，包括卸油、储油、输油和含油污水处理设施，火灾概率较大，为一个重点防火区域。

→按生产过程中的火灾危险性划分，乙炔站、制氢站为甲类，制氧站为乙类，各为一个重点防火区域。

→储煤场常有自燃现象，尤其是褐煤，自燃现象较严重，为一个重点防火区域。

→消防水泵房是全厂的消防中枢，为一个重点防火区域。

→火力发电厂的材料库是储存物品的场所，同生产车间有所区别，为一个重点防火区域。

◆火力发电厂的防火设计要求——耐火构造

→火力发电厂主厂房（包括汽轮发电机房、除氧间、煤仓间和锅炉房），其生产过程中的火灾危险性为丁级，要求厂房建筑构件的耐火等级为二级。

→对钢结构，在容易发生火灾的部位需采取必要的防火保护措施，以达到防火要求。

→建筑构件允许采用难燃烧材料（难燃烧体），但耐火极限不应低于0.75h。

→管道井、电缆井、排气道、垃圾道等竖向管井必须独立建造，其井壁应为耐火极限不低于1.00h的不燃烧体。

→根据防火分区划分合理设置防火墙，在防火墙上不应设门、窗、洞口；如必须开设，则应设耐火极限不低于1.50h的防火门窗。

◆火力发电厂的防火设计要求——安全疏散

→主厂房按汽机房与除氧间、锅炉房与煤仓间、集中控制楼三个车间划分。

（续）

发电厂与变电站防火	→为保证人员的安全疏散，每个车间应有不少于两个安全出口；在某些情况下，特别是地下室可能有一定困难，两个出口可有一个通至相邻车间。 →主厂房集中控制室是火力发电厂生产运行管理指挥中心，又是人员比较集中的地方，为保证人员安全疏散，应有两个安全出口（当建筑面积小于 $60m^2$ 时可设一个）。 →疏散距离决定疏散所需时间，为了满足允许疏散时间的要求，要分别计算出由人员工作地点到安全出口允许的最大距离。集中控制楼至少应设置一个通至各层的封闭楼梯间。 →主厂房的运煤胶带层较长，一般在固定端和扩建端都有楼梯，中间楼梯往往不易通至胶带层，因此要求有通至锅炉房或除氧间、汽机房屋面的出口，以保证人员安全疏散。 →配电装置室内最远点到疏散出口的直线距离不应大于 15m。 →卸煤装置和翻车机室地下室火灾危险性属丙类，为安全起见，要求两个安全出口通至地面。 →运煤系统中，地下构筑物有一端与地道相通，为保证人员安全疏散，要求在尽端设一通至地面的安全出口。 **◆火力发电厂的防火设计要求——建筑内部装修** →各类控制室、电子计算机室、通信室的墙面、顶棚装修使用 A 级材料，地面及其他装修使用 B_1 级材料。 →其他建筑物，如资料档案室、图书室以及有安全疏散功能的楼梯间等的墙面和顶棚的装修材料采用 A 级，地面采用 B_1 级材料。 →在火力发电厂运煤系统中，除尘系统的风道与部件以及室内采暖系统的管道、管件及保温材料应采用 A 级材料；空气调节系统的风道及其附件应采用 A 级材料，保温材料应采用 A 级材料或 B_1 级材料。 →所有的防火构件与材料，如消防设施、防火门窗、防火涂料等均须经过国家有关部门的检验合格，满足相关防火技术指标要求。

（续）

发电厂与变电站防火

◆火力发电厂的防火设计要求——采暖、通风、空气调节系统

→火力发电厂应根据采暖、通风、空气调节设备各自性能和适用范围合理地选择产品类型，并分别说明其火灾危险性及其防火要求。

→蓄电池室、供氢站、供（卸）油泵房、油处理室、汽车库及运煤（煤粉）系统建（构）筑物严禁采用明火取暖。

→氢冷发电机的排气必须接至室外；配电装置室、油断路器室应设置事故排风机。

→变压器室通风系统应与其他通风系统分开，变压器室之间的通风系统不应合并。

→蓄电池室送风设备和排风设备不应布置在同一风机室内。空气调节系统的送回风管道，在穿越重要房间或火灾危险性大的房间时应设置防火阀。蓄电池室、油系统、联氨间、制氢间以及氢冷式发电机组汽机房的电气设施均应采用防爆型。

◆火力发电厂的防火设计要求——防烟排烟系统

→在进行平面设计时需合理划分防火、防烟分区，并根据建筑的规模和使用功能等因素，合理采用防烟、排烟方式，合理选用防烟、排烟风机（用于排烟的风机主要有离心风机和轴流风机两种，必要时选用耐高温的专用轴流风机）。

→计算机室、控制室、电子设备间应设排烟设施，机械排烟系统的排烟量可按房间换气次数每小时不小于6次计算。

→防烟、排烟设备的电气控制，应包括对排烟口、送（排）风机和活动式挡烟垂壁等的控制，同时对与防烟、排烟有关的防火门和防火阀等联动设备进行控制。

（续）

轴流风机

◆火力发电厂的防火设计要求——火灾自动报警系统

- 消防控制室应与单元控制室或主控制室合并设置。
- 一般机组容量为 200MW 及以上发电厂的火灾报警区域的设置：
  ① 每台机组为一个火灾报警区域。
  ② 网络控制楼、微波楼和通信楼为一个火灾报警区域。
  ③ 运煤系统为一个火灾报警区域，且火灾探测器及相关连接件应为防水型。
  ④ 点火油罐区为一个火灾报警区域，且火灾探测器及相关连接件应为防爆型。
- 消防报警的音响应有别于所在处的其他音响。
- 在选择火灾探测器时，务必注意火力发电厂的高频电磁干扰、粉尘积聚和热、湿等特点。
- 事故广播通过语音广播向火灾及临近场所发出信号，引导建筑内人员迅速撤离火灾危险区域，应按规范要求合理设置，当火灾确认后，应能够将生产广播切换到火灾应急广播。

（续）

发电厂与变电站防火

◆火力发电厂的防火设计要求——灭火系统

→自动喷水与水喷雾灭火系统：

① 当运煤系统建筑物设有闭式自动喷水灭火系统时，宜采用快速响应喷头。

② 当在寒冷地区设置室外变压器水喷雾灭火系统和油罐固定冷却水系统时，应设置管路放空设施。

③ 水喷雾灭火系统在设计中还应考虑设置场所的环境条件，管道、阀门、喷头锈蚀和寒冷地区的冰冻以及杂质进入水系统等均会影响系统的有效性。

→气体灭火系统：

集中控制楼内的单元控制室、电子设备间、电气继电器室、DCS 工程师站房或计算机房、原煤仓、煤粉仓（无烟煤除外）（惰化），宜采用组合分配气体灭火系统，灭火剂宜设 100% 备用。

→泡沫灭火系统：

点火油罐区宜采用低倍数或中倍数泡沫灭火系统。其中，单罐容量大于 $200m^3$ 的油罐应采用固定式泡沫灭火系统，单罐容量小于或等于 $200m^3$ 的油罐可采用移动式泡沫灭火系统。

◆火力发电厂的防火设计要求——消防供电系统

→消防自动报警系统内有计算机，对供电质量要求较高，中央消防控制盘和火灾自动报警设备一般都布置在单元控制室内，可与热工控制装置联合供电。

→自动灭火系统、与消防有关的电动阀门及交流控制负荷，当单台发电机容量为 200MW 及以上时应按保安负荷供电；当单机容量为 200MW 以下时应按Ⅰ类负荷供电。

（续）

发电厂与变电站防火	→消防水泵是全厂消防水系统的核心，其动力必须得到保证，单机容量为 25MW 以上的火力发电厂应按Ⅰ类负荷供电，单机容量为 25MW 及以下的火力发电厂应按Ⅱ类负荷供电。 →当上级电源某段母线发生故障时，为保证消防用电设备仍能保持一路电源供电，当消防用电设备采用双电源或双回路供电时，应在最末一级配电箱处切换。 →消防用电设备配线是在火灾发生期间使用的，设计与敷设必须安全可靠，宜采用耐火配线或耐热配线。 →当采用双电源或双回路供电有困难时，应采用柴油发电机作为备用电源。 **◆火力发电厂的防火设计要求——消防应急照明系统** →人员疏散的应急照明，在主要通道地面上的最低照度值不应低于 1. 0lx。 →单机容量为 200MW 及以上的发电厂，由于有交流事故保安电源，因此发生交流厂用电停电事故时，除有蓄电池组对照明负荷供电外，还有条件利用交流事故保安电源供电。 →对 200MW 及以上机组的应急照明，根据生产场所的重要性和供电的经济合理性，采用不同的供电方式。 →单元控制室、网络控制室及柴油发电机房，应采用蓄电池直流系统供电。 →主厂房出入口、通道、楼梯间及远离主厂房的重要工作场所，宜采用自带电源的应急灯。 →其他场所应按保安负荷供电设置应急照明。 →单机容量为 200MW 以下燃煤电厂的应急照明，应采用蓄电池直流系统供电。

（续）

发电厂与变电站防火

◆变电站的火灾危险性

- 电力变压器火灾。
- 油断路器火灾。
- 电缆火灾。
- 其他原因引发火灾。

◆变电站的防火设计要求——建筑防火设计

- 建（构）筑物构件的燃烧性能、耐火极限和变电站内的建（构）筑物与变电站外的民用建（构）筑物及各类厂房、库房、堆场、储罐之间的防火间距应符合《建筑设计防火规范》（CB 50016—2014）（2018年版）的有关规定。
- 设置带油电气设备的建（构）筑物与贴邻或靠近该建（构）筑物的其他建（构）筑物之间应设置防火墙，控制室室内装修应采用不燃材料。
- 地下变电站每个防火分区的建筑面积不应大于1000m²。
- 设置自动灭火系统的防火分区，其防火分区面积可增大1倍；当局部设置自动灭火系统时，增加面积可按该局部面积的1倍计算。
- 当变电站内建筑的火灾危险性为丙类且建筑的占地面积超过3000m²时，变电站内的消防车道宜布置成环形；当为尽端式车道时，应设回车场地或回车道。
- 消防车道宽度及回车场的面积应符合《建筑设计防火规范》（GB 50016—2014）（2018年版）的有关规定。

（续）

回车场地

发电厂与变电站防火

◆变电站的防火设计要求——电气设备与电缆敷设

- 总油量超过 100kg 的室内油浸变压器，应设置单独的变压器室。
- 35kV 及以下室内配电装置当未采用金属封闭开关设备时，其油断路器、油浸电流互感器和电压互感器，应设置在两侧有不燃烧实体墙的间隔内。
- 35kV 以上室内配电装置应安装在有不燃烧实体墙的间隔内，不燃烧实体墙的高度不应低于配电装置中带油设备的高度。
- 室内单台总油量为 100kg 以上的电气设备，应设置储油或挡油设施。
- 电缆从室外进入室内的入口处、电缆竖井的出入口处、电缆接头处、主控制室与电缆夹层之间以及长度超过 100m 的电缆沟或电缆隧道，均应采取防止电缆火灾蔓延的阻燃或分隔措施。
- 220kV 及以上变电站，当电力电缆与控制电缆或通信电缆敷设在同一电缆沟或电缆隧道内时，宜采用防火槽盒或防火隔板进行分隔。地下变电站电缆夹层宜采用 C 类或 C 类以上的阻燃电缆。

（续）

发电厂与变电站防火

◆变电站的防火设计要求——安全疏散

- 变压器室、电容器室、蓄电池室、电缆夹层、配电装置室的门应向疏散方向开启；当门外为公共走道或其他房间时，该门应采用乙级防火门。
- 建筑面积超过 250m^2 的主控通信室、配电装置室、电容器室、电缆夹层，其疏散出口不宜少于 2 个，楼层的第二个出口可设在固定楼梯的室外平台处。当配电装置室的长度超过 60m 时，应增设 1 个中间疏散出口。
- 地下变电站安全出口数量不应少于 2 个。
- 地下室与地上层不应共用楼梯间，当必须共用楼梯间时，应在地上首层采用耐火极限不低于 2. 00h 的不燃烧体隔墙和乙级防火门将地下或半地下部分与地上部分的连通部分完全隔开，且应有明显标识。
- 地下变电站楼梯间应设乙级防火门，并向疏散方向开启。

◆变电站的防火设计要求——消防给水系统

- 变电站规划和设计时，应同时设计消防给水系统，消防水源应有可靠的保证；变电站同一时间内的火灾次数应按一次确定。
- 当室内消防用水总量大于 10L/s 时，地下变电站外应设置水泵接合器及室外消火栓。
- 水泵接合器和室外消火栓应有永久性的明显标识。
- 变电站消防给水量应按火灾时一次最大室内和室外消防用水量之和计算。
- 设有消防给水的地下变电站，必须设置消防排水设施。
- 变电站户外配电装置区域（采用水喷雾的主变压器除外）可不设消火栓。

（续）

发电厂与变电站防火	◆变电站的防火设计要求——灭火系统 →单台容量为 125MW 及以上的主变压器应设置水喷雾灭火系统、合成型泡沫喷雾系统或其他固定式灭火装置。其他带油电气设备，宜采用干粉灭火器。 →地下变电站的油浸变压器，宜采用固定式灭火系统。 ◆变电站的防火设计要求——火灾自动报警系统 →主控通信室、配电装置室、可燃介质电容器室、继电器室。 →地下变电站、无人值班的变电站，其主控通信室、配电装置室、可燃介质电容器室、继电器室应设置火灾自动报警系统。无人值班变电站应将火警信号上传至上级有关单位。 →采用固定灭火系统的油浸变压器。 →地下变电站的油浸变压器。 →220kV 及以上变电站的电缆夹层及电缆竖井。 →地下变电站、户内无人值班的变电站的电缆夹层及电缆竖井。 ◆变电站的防火设计要求——采暖、通风和空气调节系统 →所有采暖区域严禁采用明火取暖。 →电气配电装置室应设置机械排烟装置，其他房间的排烟设计应符合《建筑设计防火规范》（GB 50016—2014）（2018 年版）的规定。 →当火灾发生时，送、排风系统和空调系统应能自动停止运行。当采用气体灭火系统时，穿过防护区的通风或空调风道上的防火阀应能立即自动关闭。

（续）

发电厂与变电站防火

◆变电站的防火设计要求——消防供电

→消防水泵、电动阀门、火灾探测报警与灭火系统、火灾应急照明应按Ⅱ类负荷供电。

→当消防用电设备采用双电源或双回路供电时，应在最末一级配电箱处自动切换。

→应急照明可采用蓄电池作为备用电源，其连续供电时间不应少于20min。

→消防用电设备应采用单独的供电回路，当发生火灾切断生产、生活用电时，仍应保证消防用电，其配电设备应设置明显标识。

→消防用电设备的配电线路应满足发生火灾时连续供电的需要。

◆变电站的防火设计要求——应急照明和疏散指示标识

→户内变电站和户外变电站的主控通信室、配电装置室、消防水泵房和建筑疏散通道应设置应急照明。

→地下变电站的主控通信室、配电装置室、变压器室、继电器室、消防水泵房、建筑疏散通道和楼梯间应设置应急照明。

→地下变电站的疏散通道和安全出口应设置发光疏散指示标识。

→人员疏散时使用的应急照明的照度不应低于1.0lx，楼梯间的地面水平照度不应低于5.0lx，继续工作应急照明应保证正常照明的照度。

→应急照明灯宜设置在墙面或顶棚上。

（3）洁净厂房防火

洁净厂房防火

◆洁净厂房的火灾危险性

- 火灾危险源多，火灾发生概率高。
- 洁净区域大，防火分隔困难。
- 室内迂回曲折，人员疏散困难。
- 建筑结构密闭，排烟扑救困难。
- 火灾蔓延迅速，早期发现困难。
- 生产工艺特殊，次生灾害控制困难。

◆洁净厂房火灾危险性分类

- 甲类：

  ① 微型轴承装配的精研间、装配前的检查间。

  ② 精密陀螺仪装配的清洗间。

  ③ 磁带涂布烘干工段。

  ④ 化工厂的丁酮、丙酮、环乙酮等易燃熔剂的物理提纯工作间、光致抗蚀剂的配制工作间。

  ⑤ 集成电路工厂使用闪点小于28℃的易燃液体的化学清洗间、外延间。

- 乙类：

  胶片厂的洗印车间。

- 丙类：

  ① 计算机房记录数据的磁盘储存间。

  ② 显像管厂装配工段烧枪间。

  ③ 磁带装配工段。

  ④ 集成电路工厂的氧化扩散间和光刻间。

（续）

洁净厂房防火	→丁类： ① 液晶显示器件工厂的溅射间、彩膜检验间。 ② 光纤预制棒的 MCVD、OVD 沉淀间、火抛光、芯棒烧缩及拉伸间、拉纤间。 ③ 彩色荧光粉厂的蓝粉、绿粉、红粉制造间。 →戊类： ① 半导体器件、集成电路工厂的切片间、磨片间、抛光间。 ② 光纤、光缆工厂的光纤筛选、校验区。 **◆洁净厂房建筑材料及其燃烧性能** →洁净厂房的耐火等级不应低于二级。 →洁净室的顶棚和壁板及夹芯材料应为不燃烧体，且不得采用有机复合材料。顶棚和壁板的耐火极限不应低于 0.40h，疏散走道顶棚的耐火极限不应低于 1.00h。 →在一个防火分区内的综合性厂房，其洁净生产与一般生产区域之间应设置不燃烧体隔墙封闭到顶。 →隔墙及其相应顶板的耐火极限不应低于 1.00h，隔墙上的门窗耐火极限不应低于 0.60h。穿过隔墙或顶板的管线周围空隙应采用防火或耐火材料紧密填塞。 →技术竖井井壁应为不燃烧体，其耐火极限不应低于 1.00h。 →井壁上检查门的耐火极限不应低于 0.60h；竖井内在各层或间隔一层楼板处，应采用相当于楼板耐火极限的不燃烧体做水平防火分隔；穿过防火分隔墙的管线周围空隙，应采用防火或耐火材料紧密填塞。 →洁净厂房的装修材料的燃烧性能应符合《建筑内部装修设计防火规范》（GB 50222—2017）的规定，装修材料的烟密度等级不应大于 50，材料的烟密度等级试验应符合《建筑材料燃烧或分解的烟密度试验方法》（GB/T 8627—2007）的有关规定。

（续）

洁净厂房防火

◆洁净厂房的防火设计要求——防火分区

- 医药工业制剂厂房通常将生产、仓储、配套公用工程及生产管理、质监中心有机组合在一栋综合建筑体中。
- 在建筑设计时，应按不同的生产功能、使用功能来划分不同的防火分区。
- 甲、乙类生产的洁净厂房，宜采用单层厂房。其防火分区最大允许建筑面积，单层厂房宜为 3000m^2，多层厂房宜为 2000m^2。
- 丙、丁、戊类生产的洁净厂房其防火分区最大允许建筑面积应符合《建筑设计防火规范》（GB 50016—2014）（2018 年版）的规定。
- 每一防火分区的建筑面积、安全出口、疏散距离均应满足规范要求。

◆洁净厂房的防火设计要求——安全出口

- 为保证安全疏散的可靠性，洁净厂房每一生产层、每一防火分区或每一洁净区的安全出口的数量均不应少于 2 个。
- 安全出入口应分散均匀布置，从生产地点至安全出口不应经过曲折的人员净化路线。
- 洁净区与非洁净区和洁净区与室外相通的安全疏散门应向疏散方向开启，并应加闭门器。安全疏散门不得采用吊门、转门、侧拉门、卷帘门以及电控自动门。

卷帘门

（续）

洁净厂房防火

◆可设置1个安全出口的要求

- 甲、乙类生产厂房每层的洁净区生产总建筑面积不超过100m²，且同一时间内的生产人员总数不超过5人。
- 丙类生产每层的建筑面积不超过250m²，且同一时间内生产人数不超过20人。
- 丁、戊类生产厂房，每层的建筑面积不超过400m²，且同一时间的作业人数不超过30人。

◆洁净厂房的防火设计要求——疏散距离

- 生产类别为甲：单层：30m；多层：25m。
- 生产类别为乙：单层：75m；多层：50m；高层：30m。
- 生产类别为丙：单层：80m；多层：60m；高层：40m；地下室：30m。
- 生产类别为丁：单层：不限；多层：不限；高层：50m；地下室：45m。
- 生产类别为戊：单层：不限；多层：不限；高层：75m；地下室：60m。

◆洁净厂房的防火设计要求——疏散楼梯

- 洁净厂房各疏散楼梯均应出屋面，楼梯间的首层应设置直接对外的出口。
- 当疏散楼梯在首层无法设置直接对外的出口时，应设置直通室外的安全通道（房间开向安全通道的门应为乙级防火门），安全通道内应设置正压送风设施。

（续）

洁净厂房防火	**◆洁净厂房的防火设计要求——疏散通道** →在医药工业制剂厂房中，疏散通道的确定应尽量结合工艺要求，将工艺中已采取防火分隔措施的主通道作为安全疏散通道。 →对于洁净区域相对较大的制剂生产厂房，人流、物流通道往往由两部分组成，即洁净区外部的人流、物流通道及洁净区内部的人流、物流通道。 →洁净区各个生产用房往往由内部通道相连以满足不同的生产工序的需要，这些内部通道同时也作为洁净区人员的安全疏散路线，通过安全疏散门与外部非洁净通道相连，人员通过外部通道到达室外安全出口或疏散楼梯间。 →建筑平面设计时应合理构筑人员安全疏散体系，洁净区外部通道尽可能环通，达到多向疏散的目的，尽可能避免袋形走道，这样也有利于消防扑救。 **◆洁净厂房的防火设计要求——专用消防口** →专用消防口是消防救援人员为灭火而进入建筑物的专用入口，平时封闭，火灾时由消防救援人员从室外打开。 →洁净厂房通常是相对封闭的空间，一旦发生火灾，给消防扑救带来困难。 →洁净厂房同层洁净室（区）外墙应设可供消防救援人员通往厂房洁净室（区）的门窗，其洞口间距大于 80m 时，在该段外墙的适当部位应设置专用消防口。 →专用消防口的宽度不应小于 750mm，高度不应小于 1800mm，并应有明显标识。楼层专用消防口应设置阳台，并从二层开始向上层架设钢梯。 →洁净厂房外墙上的吊门、电控自动门以及装有栅栏的窗，均不应作为火灾发生时提供消防救援人员进入厂房的入口。

（续）

洁净厂房防火	**◆洁净厂房的防火设计要求——消防给水和室内消火栓** →洁净厂房必须设置消防给水设施，消防给水设施设置应根据生产的火灾危险性、建筑物耐火等级以及建筑物的体积等因素确定。 →洁净室（区）的生产层及上下技术夹层，应设置室内消火栓。 →室内消火栓的用水量不应小于 10L/s，同时使用水枪数不应少于 2 支，水枪充实水柱不应小于 10m，每支水枪的出水量不应小于 5L/s。 **◆洁净厂房的防火设计要求——自动喷水灭火系统** →洁净厂房内设有贵重设备、仪器的房间设置自动喷水灭火系统时，宜采用预作用自动喷水灭火系统。 →自动喷水灭火系统的设置应符合《自动喷水灭火系统设计规范》（GB 50084—2017）的要求。 →其喷水强度一般不宜小于 8.0L/(min·m^2)，作用面积不宜小于 160m^2。 **◆洁净厂房的防火设计要求——其他灭火设施** →二氧化碳使用不当会使人窒息，不能用于有人的场所，而且其冷却作用较大，对精密仪器会产生一定影响。 →IG541 气体灭火机理为物理灭火，灭火较慢，它的储存压力较高，被保护的区域较大，但钢瓶的用量多，钢瓶间储存空间较大，而且对系统管网要求高，计算复杂。 →七氟丙烷气体灭火机理为化学灭火，灭火较快，一般输送距离不宜大于 35m，但被保护对象体积较大时，需配置 2 套系统，会增加投资造价。

（续）

洁净厂房防火	**◆洁净厂房的防火设计要求——医药类洁净厂房火灾自动报警系统** →医药类洁净厂房生产区应设置火灾探测器，生产区与走道还应设置手动火灾报警按钮。 →高活性药物生产洁净室由于生产过程中使用或产生致敏性药物、生物活性药物或一般致病菌，容易造成污染，因此设置在该类洁净室内的火灾自动报警装置设备应具备密闭性、耐用性、高灵敏度和表面光洁的特点。 →点式探测器可选用感温探测器或火焰探测器，如设置感烟火灾探测器，建议选用线型光束感烟火灾探测器。 →对于安装在吊顶或夹层内比较隐蔽的电缆或电气设备发热可能导致的火灾的探测，可选用缆式线型感温探测器或吸气式感烟火灾探测器。 →探测器可直接接触或邻近被探测目标安装，以较早发现火灾隐患。 **◆洁净厂房的防火设计要求——电子类洁净厂房火灾自动报警系统** →电子类洁净厂房应根据生产工艺布置和公用动力系统的装备情况设置火灾报警装置。 →洁净生产区、技术夹层、机房、站房等均应设火灾探测器，其中洁净生产区、技术夹层应设智能型探测器。 →在洁净室（区）空气处理设备的新风或循环风的出口处宜设火灾探测器。 →当厂房内防火分区面积超过现行规定要求时，在洁净室内净化空调系统混入新风前的回风气流中应设置高灵敏度早期报警火灾探测器。

洁净厂房防火	当洁净室（区）顶部安装探测器不能满足《火灾自动报警系统设计规范》（GB 50116—2013）的要求时，在洁净室内净化空调系统混入新风前的回风气流中应设置管路吸气式感烟火灾探测器。 **◆洁净厂房的防火设计要求——洁净厂房内特种气体、液体泄漏探测系统** 洁净厂房内易燃易爆气体、液体的储存和使用场所及入口室或分配室应设可燃气体探测器。 有毒气体、液体的储存和使用场所应设气体探测器。 报警信号应联动启动或手动启动相应的事故排风机，并应将报警信号传送至消防控制室。 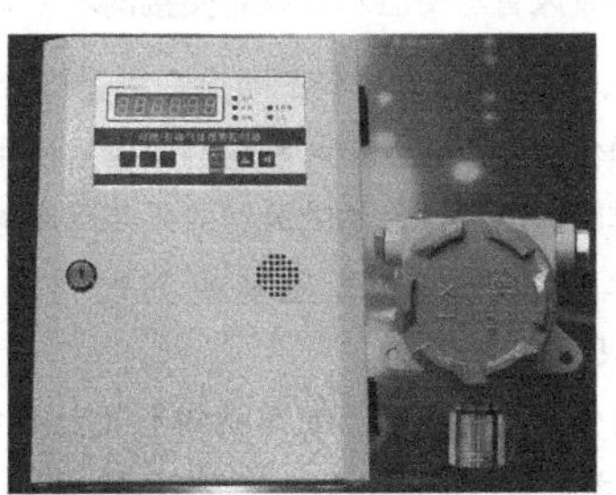 可燃气体探测器 **◆洁净厂房的防火设计要求——通风、排烟** 下列情况下，局部排风系统应单独设置： ① 排风介质混合后能产生或加剧腐蚀性、毒性、燃烧爆炸危险性和发生交叉污染。 ② 排风介质中含有毒性的气体。 ③ 排风介质中含有易燃易爆气体。

（续）

洁净厂房防火	→洁净室的排风系统应符合下列规定： ① 防止室外气流倒灌。 ② 含有易燃易爆物质的局部排风系统应按物理化学性质采取相应的防火防爆措施。 ③ 排风介质中有害物质浓度及排放速率超过国家或地区有害物质排放浓度及排放速率规定时，应进行无害化处理。 ④ 对含有水蒸气和凝结性物质的排风系统，应设坡度及排放口。 →下列情况之一的通风、净化空调系统的风管应设防火阀： ① 风管穿越防火分区的隔墙处，穿越变形缝的防火隔墙的两侧。 ② 风管穿越通风、空气调节机房的隔墙和楼板处。 ③ 垂直风管与每层水平风管交接的水平管段上。 →风管、附件及辅助材料的耐火性能应符合下列规定： ① 净化空调系统、排风系统的风管应采用不燃材料。 ② 排除有腐蚀性气体的风管应采用耐腐蚀的难燃材料。 ③ 排烟系统的风管应采用不燃材料，其耐火极限应大于 0. 50h。 ④ 附件、保温材料、消声材料和黏结剂等均采用不燃烧材料或难燃材料。 →根据生产工艺要求应设置事故排风系统。事故排风系统应设自动和手动控制开关，手动控制开关应分别设在洁净室内外便于操作处。 →洁净厂房的疏散走廊应设机械排烟设施，并应符合《建筑设计防火规范》（GB 50016—2014）（2018 年版）和《建筑防烟排烟系统技术标准》（GB 51251—2017）的有关规定。

(续)

洁净厂房防火

◆洁净厂房的防火设计要求——灭火器配置

→洁净厂房内各场所应配置灭火器，并应符合《建筑灭火器配置设计规范》（GB 50140—2005）的有关规定。

→灭火剂选择时，应考虑配置场所的火灾类型，灭火剂的灭火能力，对保护对象的污损程度，使用的环境温度以及灭火剂之间、灭火剂与可燃物之间的相容性。

◆洁净厂房的防火设计要求——应急照明和疏散指示标识

→洁净厂房内应设置供人员疏散用的应急照明。

→在安全出口、疏散口和疏散通道转角处应按规定设置疏散指示标识，在专用消防扑救口处应设置红色应急照明灯。

→应急照明和疏散指示标识的设置应符合《消防应急照明和疏散指示系统技术标准》（GB 51309—2018）的有关规定。

◆洁净厂房的防火设计要求——可燃气体报警装置和事故排风装置的设置

→生产类别为甲类的气体、液体入口室或分配室。

→管廊，上、下技术夹层或技术夹道内有可燃气体的易积聚处。

→洁净室内使用可燃气体处。

◆洁净厂房的防火设计要求——管道安全技术措施

→可燃气体管道：

① 接至用气设备的支管宜设置阻火器。

② 引至室外的放散管应设阻火器口并设防雷保护设施。

③ 应设导除静电的接地设施。

→氧气管道：

① 管道及其阀门、附件应经严格脱脂处理。

② 应设导除静电的接地设施。

（4）信息机房防火

信息机房防火

◆信息机房的火灾特点

- 散热困难，火灾烟量大。
- 用电量大，电气火灾多。
- 无人值守，遇警处置慢。
- 环境特殊，扑救难度大。
- 设备精密，火灾损失大。

◆信息机房的防火设计要求——选址

- 不宜布置在火灾危险性高的场所。
- 应远离散发有害气体、腐蚀气体和尘埃的地区。
- 避免设置在落雷区和地震断裂带附近。
- 要尽量选择在自然环境清洁、附近振动少以及水源、电源充足，交通方便的地点。
- 与其他性质的用房设置在同一幢建筑内时，宜设在多层或高层建筑内的第二、三层，并应尽量避免与商场、宾馆、餐饮、娱乐等影响机房安全的场所设在同一幢建筑物内。
- 信息机房数据中心内放置计算机的机房不宜超过五层。

◆信息机房的防火设计要求——建筑防火构造及分隔

- 信息机房的耐火等级不应低于二级。当A级或B级信息机房位于其他建筑物内时，在主机房与其他部位之间应设置耐火极限不低于2.00h的隔墙，隔墙上的门应采用甲级防火门。
- 附设在其他建筑内的A、B级信息机房应避免设置在建筑物地下室，以及用水设备的下层或隔壁，不应布置在燃油、燃气锅炉房，油浸电力变压器室，充有可燃油的高压电容器和多油开关室等易燃易爆房间的上下层或贴邻。

（续）

信息机房防火	→各级机房主体结构应具有耐久、抗震、防火、防止不均匀沉陷等性能，变形缝和伸缩缝不应穿过主机房，机房围护结构的构造应满足保温、隔热、防火等要求。 →主机房中各类管线宜暗敷，当管线需穿楼层时，宜设计技术竖井，并采取相应的防火分隔、封堵措施。 →主机房、基本工作间及辅助房间与其他建筑物合建时，应单独设置防火分区。 →电子计算机产生的记录应当按其重要性和补充难度的不同加以保护。 →面积大于 $100m^2$ 的主机房，安全出口不应少于 2 个，并宜设于机房的两端，面积不大于 $100m^2$ 的主机房可设置 1 个安全出口，并可通过其他相邻房间的门进行疏散。 →在主机房出入口处或值班室，应设置应急电话和应急断电装置，机房应设置应急照明和安全出口指示灯。 **◆信息机房的防火设计要求——室内装修** →信息机房的室内装修（包括吊顶、装修墙裙等）材料均应采用不燃或难燃材料，应能防潮、吸声、不起尘、抗静电等，机房及媒体存放间的防火墙或隔板应从建筑物的楼、地板起直至梁板底部，将其完全封闭。 →机房内活动地板应采用导电性能好，具有足够的机械强度以及耐腐蚀、耐潮湿和防火等特点的抗静电铝合金活动地板。 →规模大的电子计算中心宜采用分区空调方式，避免风管穿过楼层和水平隔墙太多，防止火势蔓延扩大。 →机房内要事先开设电缆沟，做到分层敷设电源电缆、信号线和接地线。 →新建机房如采用下送风方式，机房活动地板距地面净高不小于 400mm。

（续）

信息机房防火

◆信息机房的防火设计要求——静电防护

- 主机房和辅助区的地板或地面应有静电泄放措施和接地构造，防静电地板、地面的表面电阻或体积电阻值应为 2.5×10^{4} ~ $1.0\times10^{9}\Omega$，且应具有防火、环保、耐污、耐磨性能。
- 主机房和辅助区不使用防静电活动地板的房间，可铺设防静电地面，其静电耗散性能应长期稳定，且不应起尘。
- 信息机房内所有设备的金属外壳、各类金属管道、金属线槽、建筑物金属结构等必须进行等电位连接并接地。
- 导静电地面、活动地板、工作台面和座椅垫套必须进行静电接地。静电接地可以经限流电阻及自己的连接线与接地装置相连，限流电阻的电阻值宜为 1MΩ。
- 计算机系统的接地应采用单点接地，并宜采取等电位措施。

导静电地面

◆信息机房的防火设计要求——接地

- 交流工作接地：接地电阻小于 4Ω。
- 安全保护接地：接地电阻小于 4Ω。
- 直流工作接地：接地电阻小于 1Ω。
- 防雷接地：接地电阻小于 10Ω。

（续）

信息机房防火	→综合接地系统：接地电阻小于 1Ω。 →接地体引出线横截面面积不应小于 $16mm^2$。 →不间断电源（UPS）输出零地电压应小于 1V。 →机房活动地板下须设置静电泄漏洞。 →机房活动地板须选用静电地板，且与静电泄漏网可靠连接。 **◆信息机房的防火设计要求——灭火系统的一般规定** →A 级信息机房的主机房应设置洁净气体灭火系统。 →B 级信息机房的主机房，以及 A 级和 B 级机房中的变配电、不间断电源系统和电池室，宜设置洁净气体灭火系统，也可设置高压细水雾灭火系统。 →C 级信息机房及其他区域，可设置高压细水雾灭火系统或自动喷水灭火系统。自动喷水灭火系统宜采用预作用系统。 →凡设置固定灭火系统及火灾探测器的计算机房，其吊顶的上、下及活动地板下，均应设置探测器和喷嘴。 **◆信息机房的防火设计要求——室内消火栓系统** →当机房进深大于 25m 时，应在机房两侧设置公共走道，并在走道上设置室内消火栓系统。 **◆信息机房的防火设计要求——气体灭火系统** →不能用水扑救的房间，应设置除二氧化碳以外的气体灭火系统。 →当单个防护区面积小于 $800m^2$、体积小于 $3600m^3$ 时，可考虑采用气体灭火系统。 →对面积大于 $800m^2$、体积大于 $3600m^3$ 的机房设置气体灭火系统时应注意： ① 泄压措施。 ② 同步性、均衡性的技术措施。 ③ 防止意外的措施。

（续）

信息机房防火	→控制系统应具有三路供电，即消防电源主、备用供电和蓄电池供电，当消防电源被切断时，控制系统蓄电池可保证供电 24h。 →为防止人为造成误喷的情况，应在电气式手拉开关上设防护罩。 **◆机房的防火设计要求——其他灭火系统** →信息机房主机房及基本工作间内宜使用对设备无损坏且环保、安全无毒性的 IG541 灭火系统或细水雾灭火系统。 →当防护区面积、体积大于上述标准或防护区个数大于 8 个时，为了经济实用，可采用细水雾系统或其他新型、环保的哈龙替代技术。 **◆机房的防火设计要求——火灾自动报警系统** →传统的火灾探测器。 →空气采样烟雾报警器。 →分布式感温光缆。 →火灾报警系统设置、联动中的特殊要求。

6 古建筑防火

(1) 古建筑的火灾危险性

古建筑的火灾危险性	**◆古建筑的火灾危险性** →耐火等级低，火灾荷载大。 →组群布局，火势蔓延迅速。 →形体高大，有效控制火势难。 →远离城镇，灭火救援困难。 →用火用电多，管理难度大。

(2) 古建筑的防火设计要求

古建筑的防火设计要求	**◆勘察与风险分析** →现场勘察应全面详细地调查了解建筑防火、消防救援条件、消防设施现状及火灾危险源等有关情况。 →根据现场勘察及资料收集情况，客观科学地分析火灾风险，明确需防护的对象和范围，提出有针对性的火灾危险源控制措施和防火技术措施。 **◆消防车道与消防装备** →消防车道的设置应满足消防装备安全、快捷通行的要求，宜设置环形消防车道，供一般消防车通行的尽端路应设置回车场地。

（续）

古建筑的防火设计要求	→一般消防车：消防车道净宽度≥4m。 →小型消防车：消防车道净宽度3~4m。 →消防摩托车：消防车道净宽度2~3m。 →手抬机动消防泵：消防车道净宽度≤2m。  消防摩托车 **◆消防分区** →为避免火灾蔓延，对集中连片文物建筑群，采用适宜措施分隔成若干独立防火区域。 →消防分区宜根据地形特点，采用既有的防火墙、道路、水系、广场、绿地等措施划分，确有困难时，可采取其他增强措施。 →在不影响文物建筑环境风貌的基础上，可拆除个别阻碍消防分区的非文物建筑，以便于消防分区的划分。 →设置消防分区应保持文物建筑及环境风貌的真实性、完整性，单个消防分区的占地面积宜为3000~5000m^2。 →文物建筑防火保护区与控制区之间，宜采取道路、水系、广场、绿地等防火隔离带或其他有效的防火措施进行分隔。

（续）

古建筑的防火设计要求

◆安全疏散

- 文物建筑防火分区内安全出口或安全疏散通道不宜少于 2 个，因客观条件限制不能满足前述要求时，应根据实际情况限制文物建筑的使用方式和同时在内的人数。
- 安全疏散通道均应在明显位置设置疏散指示标识。

◆消防站（点）

- 消防站的选址应在不破坏古建筑群整体格局的前提下，力争到达火灾现场的时间最短，以利及时控制火灾。
- 消防站的规模及内部设施应因地制宜，小型适用，不应追求大而全。
- 距离最近的消防站接到出动指令后 5min 内不能到达的文物建筑所在区域，应合理设定消防点。
- 结合消防车道现状、消防救援装备配置情况，以 5min 内到达火点为标准选址、布置。
- 优先利用原有建筑及场地设置，建筑面积不宜小于 15m^2。
- 严寒、寒冷地区应采取保温措施。
- 设有明显标识。

◆消防水源——利用江河、湖泊、水塘、水井、水窖

- 能保证枯水期的消防用水量，其保证率应为 90%~97%。
- 防止被可燃液体污染。
- 采取防止冰凌、漂浮物、悬浮物等物质堵塞消防水泵的技术措施，并应采取确保安全取水的措施。
- 供消防车取水的天然水源，应有取水码头及通向取水码头的消防车道；当天然水源在最低水位时，消防车吸水高度不应超过 6m。

（续）

古建筑的防火设计要求

◆消防水源——消防水池

→消防水池的有效容积应按火灾延续时间内，将其作为消防水源的灭火系统用水量之和确定。

→消防用水与生产、生活用水合并的水池，应采取确保消防用水不作他用的技术措施。

→供消防车或手抬机动消防泵取水的消防水池应设吸水口，且不宜少于 2 处，并宜设在建筑物外墙倒塌范围以外；当消防水池在最低水位时，消防车吸水高度不应超过 6m。

→寒冷和严寒地区及其他有结冻可能的地区，消防水池应采取防冻措施。

手抬机动消防泵

◆室外消火栓系统

→室外消火栓给水管应布置成环状，环状管道应用阀门分成若干独立段，文物建筑防火保护区内，每段内消火栓数量不宜超过 2 个。

→向室外消火栓环状管网输水的进水管不应少于 2 条，室外消火栓给水管道的直径不应小于 DN100mm。

（续）

古建筑的防火设计要求	
	→室外消火栓宜采用地上式消火栓，有可能结冰的地区宜采用干式地上式消火栓，严寒地区宜设置消防水鹤。 →当采用地下式室外消火栓时，应设明显的永久性标识；当地下式室外消火栓的取水口在冰冻线以上时，应采取可靠的保温措施。 →道路条件许可时，室外消火栓距临街文物建筑的排檐垂直投影边线距离宜大于建筑物的檐高尺寸，且不应小于 5m；文物建筑是重檐结构的，应按头层檐高计算。 →道路宽度受限时，在不影响平时通行和火灾使用的前提下，可灵活设置。 **◆室内消火栓系统** →文物建筑宜采取室内消火栓室外设置，当必须设置在文物建筑内部时，应减少对被保护对象的明显影响；有传统彩画、壁画、泥塑等的文物建筑内部，不得设置室内消火栓。 →室内消火栓给水管道应布置成环状，与室外管网或消防水泵相连接的进水管不应少于 2 条。 →设置室内消火栓时，各层任意部位应有 2 支水枪的充实水柱同时到达，充实水柱不应小于 1m，消火栓间距不应大于 30m 并置于便于使用的地方。 →文物建筑内部有生活供水管道的，应在生活供水管道上设置消防软管卷盘或轻便消防水龙；室内消火栓的设置应符合《消防给水及消火栓系统技术规范》（GB 50974—2014）的有关规定。 **◆灭火设施** →静水水源（如太平池、水缸等储水设施、容器）适用于无结冻地区，且未设室内消火栓的文物建筑。

（续）

古建筑的防火设计要求	→固定消防水炮灭火系统适用于室外，且室外场所具备作用空间，火灾危险性较高的文物建筑，且文物建筑能满足固定消防水炮的适用范围和使用要求，水炮对保护对象危害小，但对室内空间有限制。 →自动喷淋灭火系统适用于有较大火灾危险的近现代砖石结构的文物建筑和用于住宿、餐饮等经营性活动的民居类文物建筑。但对于有传统彩画、壁画、泥塑、藻井、天花等的文物建筑有限制。 →气体灭火系统适用于空间密闭，用作文物库房，且库藏文物适宜使用气体灭火系统的文物建筑。 →灭火器、移动式高压水雾灭火装置适用于所有文物建筑。  藻井 **◆火灾自动报警系统** →火灾探测器的布置宜采用重点保护与区域监测相结合的方式，突出重点，特别重要的文物建筑或场所应采用双重保护。 →文物建筑的火灾自动报警设备与消防控制室报警总线采用有线方式连接有困难时，应设置人工火灾警报装置及独立式火灾探测器，报警信号应通过无线方式与消防控制室联网。 →在文物建筑防火保护区和控制区，宜在其周边选择适当的高位设置能完全覆盖保护区、基本覆盖控制区的图像型火灾探测器。

(续)

古建筑的防火设计要求

◆消防应急照明和疏散指示标识

- 文物建筑防火保护区应设置完善的安全疏散指示标识。
- 文物建筑内无自然照明且有人员活动的场所，对疏散距离超过20m的内走道，应设置疏散指示和疏散照明灯具，照度应符合相关规定。
- 消防控制室、配电室及值班室等发生火灾时仍需正常工作的场所，应设置备用照明，其作业面的最低照度不应低于正常照明的照度。
- 为便于疏散，正常照明线路应在人员疏散后再切断。

◆灭火器的配置

- 灭火器的配置类型、数量及位置应根据灭火有效程度、设置点的环境温度等因素综合考虑，合理选择。
- 选择对文物、文物建筑危害小的灭火器。灭火器的配置应符合《建筑灭火器配置设计规范》（GB 50140—2005）的相关规定。

◆配电设计的一般规定

- 文物建筑内应严格用电管理。
- 文物建筑内现有的配电设备、线路、保护电器等，当选型和安装不满足相关规范规定和防火要求时，应进行改造。
- 配电线路应装设短路保护和过负荷保护。
- 有电气火灾危险的文物建筑应设置电气火灾监控系统，且应将报警信息和故障信息传入消防控制室。
- 配电线路的保护导体或保护接地中性导体应在进入文物建筑时接地，进入文物建筑后的配电线路N线与PE线应严格分开。
- 文物建筑的配电箱外壳应为金属外壳，箱体电气防护等级室内不应低于IP54，室外不应低于IP65。
- 文物建筑的照明光源宜使用冷光源，且灯具附件无危险高温。各种开关应采用密闭型。

（续）

古建筑的防火设计要求	◆配电设计——设备和管线安装 →设备和管线宜明装，配电线路应穿金属导管保护。 →设备及管线不应在集中储存的柴草、饲料等可燃物堆垛附近安装。 →设备和管线的安装应避开潮湿部位和炉灶、烟囱等高温部位。 →配电设备不应安装在明火和热源附近，也不应安装在木质等可燃构件上；配电设备外壳距可燃构件不应小于 0.3m。 →开关、插座和照明灯具靠近可燃物时，应采取隔热、散热等防火措施。 →1kV 及以上等级的架空电力线路不应跨越文物建筑防火保护区和控制区。 ◆配电设计——接地 →用电设备的外露金属外壳应与线路的 PE 线作可靠的电气连接，穿线金属导管应相互可靠连接，且在用电设备、接线盒及配电箱处与 PE 线接线端子连接。 →建筑物设有防雷击保护装置时，配电线路的 PE 线与防雷装置应作可靠的等电位连接。

7 人民防空工程防火

(1) 人民防空工程的火灾特点

人民防空工程的火灾特点	◆人民防空工程的火灾特点 →火场温度高，有毒气体多。 →内部格局复杂，疏散难度大。 →储存物品多，火灾荷载大。 →内部纵深大，灭火救援困难。

(2) 人民防空工程的防火设计要求

人民防空工程的防火设计要求	◆总平面布局 →人防工程内不得使用和储存液化石油气、相对密度（与空气密度比值）大于或等于0.75的可燃气体和闪点小于60℃的液体燃料。 →人防工程内不得设置油浸电力变压器和其他油浸电气设备。 →人防工程内不应设置哺乳室、托儿所、幼儿园、游乐厅等儿童活动场所和残疾人员活动场所。 →医院病房以及歌舞厅、卡拉OK厅（含具有卡拉OK功能的餐厅）、夜总会、录像厅、放映厅、桑拿浴室（除洗浴部分外）、游艺厅（含电子游艺厅）、网吧等歌舞娱乐放映游艺场所，不应设置在人防工程内地下二层及二层以下；当设置在地下一层时，室内地面与室外出入口地坪高差不应大于10m。

（续）

人民防空工程的防火设计要求	→人防工程内地下商店不应经营和储存火灾危险性为甲、乙类储存物品属性的商品。 →营业厅不应设置在地下三层及三层以下。 →当地下商店总建筑面积大于 20000m² 时，应采用防火墙进行分隔，且防火墙上不得开设门、窗、洞口，相邻区域确需局部连通时，应采取可靠的防火分隔措施。 →人防工程的出入口地面建筑物与周围建筑物之间的防火间距，应按《建筑设计防火规范》（GB 50016—2014）（2018 年版）的有关规定执行。 **◆防火分区的划分** →当采用防火墙确有困难时，可采用防火卷帘等防火分隔设施分隔。 →防火分区应在各安全出口处的防火门范围内划分。 →与柴油发电机房或锅炉房配套的水泵间、风机房、储油间等，应与柴油发电机房或锅炉房一起划分为一个防火分区。 →防火分区的划分宜与防护单元相结合。 →人防工程内设置有旅店、病房、员工宿舍时，不得设置在地下二层及以下层，并应划分为独立的防火分区，其疏散楼梯不得与其他防火分区的疏散楼梯共用。  柴油发电机房

（续）

人民防空工程的防火设计要求	◆防火分区建筑面积 →人防工程每个防火分区的允许最大建筑面积，除另有规定者外，不应大于500m²。 →当设置有自动灭火系统时，允许最大建筑面积可增加1倍；局部设置时，增加的面积可按该局部面积的1倍计算。 →水泵房、污水泵房、水池、厕所、盥洗间等无可燃物的房间，其面积可不计入防火分区的面积之内。 →储存丙类闪点≥60℃的可燃液体，防火分区最大允许建筑面积是150m²。 →储存丙类可燃固体，防火分区最大允许建筑面积是300m²。 →储存丁类物品，防火分区最大允许建筑面积是500m²。 →储存戊类物品，防火分区最大允许建筑面积是1000m²。 →设置有火灾自动报警系统和自动灭火系统的商业营业厅、展览厅等，当采用A级装修材料装修时，防火分区允许最大建筑面积不应大于2000m²。 →电影院、礼堂的观众厅，其防火分区允许最大建筑面积不应大于1000m²。当设置有火灾自动报警系统和自动灭火系统时，其允许最大建筑面积也不得增加。 →溜冰馆的冰场、游泳馆的游泳池、射击馆的靶道区、保龄球馆的球道区等，其面积可不计入溜冰馆、游泳馆、射击馆、保龄球馆的防火分区面积内。 →溜冰馆的冰场、游泳馆的游泳池、射击馆的靶道区等，其装修材料应采用A级。

（续）

人民防空工程的防火设计要求	**◆应采用耐火极限不低于 2.00h 的隔墙和耐火极限不低于 1.50h 的楼板与其他场所隔开的场所** →消防控制室、消防水泵房、排烟机房、灭火剂储瓶室、变配电室、通信机房、通风和空调机房、可燃物存放量平均值超过 30kg/m^2 火灾荷载密度的房间等，墙上如设门，应设置常闭的甲级防火门。 →柴油发电机房的储油间，墙上应设置常闭的甲级防火门，并应设置高 150mm 不燃烧、不渗漏的门槛，地面不得设置地漏。 →同一防火分区内厨房、食品加工等用火用电用气场所，墙上应设置不低于乙级的防火门，人员频繁出入的防火门应设置火灾时能自动关闭的常开式防火门。 →歌舞娱乐放映游艺场所，一个厅、室的建筑面积不应大于 200m^2。隔墙上如设门，应设置不低于乙级的防火门。 **◆电影院、礼堂** →电影院、礼堂的观众厅与舞台之间的墙耐火极限不应低于 2. 50h。 →电影院放映室（卷片室）应采用耐火极限不低于 1. 00h 的隔墙与其他部位隔开。 →观察窗和放映孔应设置阻火闸门。 **◆液体管道** →允许使用的可燃气体和丙类液体管道，除可穿过柴油发电机房、燃油锅炉房的储油间与机房间的防火墙外，严禁穿过防火分区之间的防火墙。 →当其他管道需要穿过防火墙时，应采用防火封堵材料将管道周围的空隙紧密填塞。

（续）

人民防空工程的防火设计要求	◆防火门 →人防工程位于防火分区分隔处安全出口的门应为甲级防火门。 →当使用功能上确定需要采用防火卷帘分隔时，应在其旁设置与相邻防火分区的疏散走道相通的甲级防火门。 →人员频繁出入的防火门，应采用能在火灾时自动关闭的常开式防火门。 →平时需要控制人员随意出入的防火门，应设置火灾时不需使用钥匙等任何工具即能从内部易于打开的常闭防火门，并应在明显位置设置标识和使用提示。 →其他部位的防火门，宜选用常闭的防火门。 →用防护门、防护密闭门、密闭门代替甲级防火门时，其耐火性能应符合甲级防火门的要求，且不得用于平战结合公共场所的安全出口处。 ◆防火卷帘 →人防工程中使用防火墙划分防火分区有困难时，可采用防火卷帘分隔。 →当防火分隔部位的宽度不大于 30m 时，防火卷帘的宽度不应大于 10m。 →当防火分隔部位的宽度大于 30m 时，防火卷帘的宽度不应大于防火分隔部位宽度的 1/3，且不应大于 20m。 →防火卷帘的耐火极限不应低于 3.00h。 →当防火卷帘的耐火极限符合《门和卷帘的耐火试验方法》(GB/T 7633—2008) 有关背火面温升的判定条件时，可不设置自动喷水灭火系统保护。 →当防火卷帘的耐火极限符合《门和卷帘的耐火试验方法》(GB/T 7633—2008) 有关背火面辐射热的判定条件时，应设置自动喷水灭火系统保护。

（续）

人民防空工程的防火设计要求	→自动喷水灭火系统的设计应符合《自动喷水灭火系统设计规范》（GB/T 50084—2017）的有关规定，其火灾延续时间不应小于3h。 →防火卷帘应具有防烟性能，与楼板、梁和墙、柱之间的空隙应采用防火封堵材料封堵。 →在火灾时能自动降落的防火卷帘，应具有信号反馈的功能。 **◆疏散楼梯间** →设有下列公共活动场所的人防工程，当底层室内地面与室外出入口地坪高差大于10m时，应设置防烟楼梯间；当地下为两层，且地下第二层的室内地面与室外出入口地坪高差不大于10m时，应设置封闭楼梯间： ① 电影院、礼堂。 ② 建筑面积大于500m² 的医院、旅馆。 ③ 建筑面积大于1000m² 的商场、餐厅、展览厅、公共娱乐场所（如礼堂、多功能厅、歌舞娱乐放映游艺场所等）、健身体育场所（如溜冰馆、游泳馆、体育馆、保龄球馆、射击馆等）等。 **◆避难走道** →当人防工程设置直通室外的安全出口的数量和位置受条件限制时，可设置避难走道。 →避难走道直通地面的出口不应少于两个，并应设置在不同方向；当避难走道只与一个防火分区相通时，其直通地面的出口可设置一个，但该防火分区至少应有一个不通向该避难走道的安全出口。 →通向避难走道的各防火分区人数不等时，避难走道的净宽不应小于容纳人数最多的一个防火分区通向避难走道的各安全出口最小净宽之和。

（续）

人民防空工程的防火设计要求	→避难走道的装修材料燃烧性能等级应为 A 级。 →防火分区至避难走道入口处应设置前室，前室面积不应小于 $6m^2$，前室的门应为甲级防火门。 →避难走道应设置消火栓、火灾应急照明、应急广播和消防专线电话。 **◆安全出口设置的数量要求** →人防工程每个防火分区的安全出口数量不应少于两个。 →防火分区建筑面积大于 $1000m^2$ 的商业营业厅、展览厅等场所，设置通向室外、直通室外的疏散楼梯间或避难走道的安全出口个数不得少于两个。 →防火分区建筑面积不大于 $1000m^2$ 的商业营业厅、展览厅等场所，设置通向室外、直通室外的疏散楼梯间或避难走道的安全出口个数不得少于一个。 →在一个防火分区内，设置通向室外、直通室外的疏散楼梯间或避难走道的安全出口宽度之和，不宜小于《人民防空工程设计防火规范》（GB 50098—2009）规定的安全出口总宽度的 70%。 →建筑面积不大于 $500m^2$，且室内地面与室外出入口地坪高差不大于 10m，容纳人数不大于 30 人的防火分区，当设置有仅用于采光或进风用的竖井，且竖井内有金属梯直通地面，防火分区通向竖井处设置有不低于乙级的常闭防火门时，可只设置一个通向室外、直通室外的疏散楼梯间或避难走道的安全出口，也可设置一个与相邻防火分区相通的防火门。 →建筑面积不大于 $200m^2$，且经常停留人数不超过 3 人的防火分区，可只设置一个通向相邻防火分区的防火门。

（续）

人民防空工程的防火设计要求	**◆安全疏散距离** →房间内最远点至该房间门的距离不应大于15m。 →房间门至最近安全出口的最大距离：医院应为24m，旅馆应为30m，其他工程应为40m。位于袋形走道两侧或尽端的房间，其最大距离应为上述相应距离的一半。 →观众厅、展览厅、多功能厅、餐厅、营业厅和阅览室等，其室内任意一点到最近安全出口的直线距离不宜大于30m；当该防火分区设置有自动喷水灭火系统时，疏散距离可增加25%。 **◆疏散宽度** →商场、公共娱乐场所、健身体育场所： →① 安全出口和疏散楼梯净宽度：1.4m。 ② 疏散走道净宽度：单面布置房间为1.5m；双面布置房间为1.6m。 →医院： ① 安全出口和疏散楼梯净宽度：1.3m。 ② 疏散走道净宽度：单面布置房间为1.4m；双面布置房间为1.5m。 →旅馆、餐厅： ① 安全出口和疏散楼梯净宽度：1.1m。 ② 疏散走道净宽度：单面布置房间为1.2m；双面布置房间为1.3m。 →车间： ① 安全出口和疏散楼梯净宽度：1.1m。 ② 疏散走道净宽度：单面布置房间为1.2m；双面布置房间为1.5m。 →其他民用工程： ① 安全出口和疏散楼梯净宽度：1.1m。 ② 疏散走道净宽度：单面布置房间为1.2m。

（续）

人民防空工程的防火设计要求

◆下沉式广场的安全疏散

→不同防火分区通向下沉式广场安全出口最近边缘之间的水平距离不应小于 13m，广场内疏散区域的净面积不应小于 169m²。

→设置不少于一个直通地坪的疏散楼梯，疏散楼梯的总宽度不应小于相邻最大防火分区通向下沉式广场计算疏散总宽度。

→确需设置防风雨篷时，篷不得封闭，四周敞开的面积应大于下沉式广场投影面积的 25%，经计算大于 40m² 时可取 40m²。

→敞开的高度不得小于 1m；当敞开部分采用防风雨百叶时，百叶的有效通风排烟面积可按百叶洞口面积的 60%计算。

◆消防设施配置——消防给水

→可由市政给水管网、水源井、消防水池或天然水源供给。

→利用天然水源时，应确保枯水期最低水位时的消防用水量，并应设置可靠的取水设施。

→采用市政给水管网直接供水，当消防用水量达到最大时，其水压应满足室内最不利点灭火设备的要求。

◆消防设施配置——室外消火栓

→当人防工程内消防用水总量大于 10L/s 时，应设置室外消火栓。

→设置在便于消防车使用的地点，且距出入口的距离不宜小于 5m，并应有明显的标识。

◆消防设施配置——室内消火栓系统

→建筑面积大于 300m² 的人防工程。

→电影院、礼堂、消防电梯间前室和避难走道。

→设置应符合《人民防空工程设计防火规范》（CB 50098—2009）规定的有关要求。

（续）

人民防空工程的防火设计要求

◆消防设施配置——自动喷水灭火系统

→除丁、戊类物品库房和自行车库外，建筑面积大于 500m² 的丙类库房和其他建筑面积大于 1000m² 的人防工程。

→大于 800 个座位的电影院和礼堂的观众厅，且吊顶下表面至观众席室内地面高度不大于 8m 时；舞台使用面积大于 200m² 时；观众厅与舞台之间的台口宜设置防火幕或水幕分隔。

→歌舞娱乐放映游艺场所。

→建筑面积大于 500m² 的地下商店和展览厅。

→燃油或燃气锅炉房和装机总容量大于 300kW 的柴油发电机房。

◆可设置局部应用系统的条件

→人防工程中建筑面积大于 100m² 且小于或等于 500m² 的地下商店和展览厅。

→建筑面积大于 100m² 且小于或等于 1000m² 的影剧院、礼堂、健身体育场所、旅馆、医院等。

→建筑面积大于 100m² 且小于或等于 500m² 的丙类库房。

◆消防设施配置——其他灭火设施

→图书、资料、档案等特藏库房，重要通信机房和电子计算机机房，变配电室和其他特殊重要的设备房间应设置气体灭火系统或细水雾灭火系统。

◆消防设施配置——灭火器

→应配置灭火器，灭火器的配置应符合《建筑灭火器配置设计规范》（GB 50140—2005）的有关规定。

◆火灾自动报警系统的设置范围

→建筑面积大于 500m² 的地下商店、展览厅和健身体育场所。

（续）

人民防空工程的防火设计要求	→建筑面积大于 1000m^2 的丙、丁类生产车间和丙、丁类物品库房。 →重要的通信机房和电子计算机机房。 →柴油发电机房和变配电室。 →重要的实验室和图书、资料、档案库房。 →歌舞娱乐放映游艺场所等。 **◆消防疏散照明** →疏散走道、楼梯间、防烟前室、公共活动场所等部位的墙面上部或顶棚下应设置消防疏散照明灯，其地面的最低照度不应低于 5lx。 →有侧墙的疏散走道及其拐角处和交叉口处的墙面上、无侧墙的疏散走道的上方、疏散出入口和安全出口的上部应设置消防疏散标识灯。 →歌舞娱乐放映游艺场所、总建筑面积大于 500m^2 的商业营业厅等公众活动场所的疏散走道的地面上，应设置能保持视觉连续发光的疏散指示标识，并宜设置灯光型疏散指示标识。 →当地面照度较大时，可设置蓄光型疏散指示标识。 →沿地面设置的灯光型疏散指示标识的间距不宜大于 3m，蓄光型疏散指示标识的间距不宜大于 2m。 **◆消防备用照明** →避难走道、消防控制室、消防水泵房、柴油发电机室、配电室、通风空调室、排烟机房、电话总机房以及发生火灾时仍需坚持工作的其他房间应设置消防备用照明。 →建筑面积大于 5000m^2 的人防工程，其消防备用照明的照度值宜保持正常照明的照度值。 →建筑面积不大于 5000m^2 的人防工程，其消防备用照明的照度值不宜低于正常照明照度值的 50%。

（续）

人民防空工程的防火设计要求	**◆防烟** →防烟楼梯间及其前室或合用前室、避难走道的前室应设置机械加压送风防烟设施。 →丙、丁、戊类物品库房宜采用密闭防烟措施。 **◆排烟** →总建筑面积大于 $200m^2$ 的人防工程，建筑面积大于 $50m^2$ 且经常有人停留或可燃物较多的房间，丙、丁类生产车间，长度大于 20m 的疏散走道，歌舞娱乐放映游艺场所，中庭等应设置机械排烟设施。 →人防工程每个防烟分区内必须设置排烟口，排烟口应设置在顶棚或墙面的上部。 →平时应处于关闭状态，其控制方式可采用自动或手动开启方式。 →排风口和排烟口合并设置时，应在排风口或排风口所在支管设置自动阀门，并应与火灾自动报警系统联动。 →火灾时，着火防烟分区内的阀门应处于开启状态，其他防烟分区内的阀门应全部关闭。 →排烟口的风速不宜大于 10m/s。 →设置自然排烟设施的场所，自然排烟口底部距室内地面不应小于 2m，并应常开或发生火灾时能自动开启，中庭的自然排烟口净面积不应小于中庭地面面积的 5%。 →其他场所的自然排烟口净面积不应小于该防烟分区面积的 2%。 →排烟风机可采用普通离心式风机或排烟轴流风机，排烟风机可单独设置或与排风机合并设置。 →排烟风机的安装位置，宜处于排烟区的同层或上层。 →排烟风机应与排烟口联动，当任何一个排烟口、排烟阀开启或排风口转为排烟口时，系统应转为排烟工作状态，排烟风机应自动转换为排烟工况。 →当烟气温度大于 280℃时，排烟风机应随设置于风机入口处防火阀的关闭而自动关闭。

参考文献

[1] 中华人民共和国住房和城乡建设部，中华人民共和国国家质量监督检验检疫总局. 建筑设计防火规范：GB 50016—2014 [S]. 北京：中国计划出版社，2014.

[2] 中华人民共和国国家质量监督检验检疫总局，中国国家标准化管理委员会. 防火卷帘：GB 14102—2005 [S]. 北京：中国标准出版社，2005.

[3] 中华人民共和国国家质量监督检验检疫总局，中国国家标准化管理委员会. 防火门：GB 12955—2008 [S]. 北京：中国标准出版社，2009.

[4] 中华人民共和国国家质量监督检验检疫总局，中国国家标准化管理委员会. 防火窗：GB 16809—2008 [S]. 北京：中国标准出版社，2009.

[5] 中华人民共和国住房和城乡建设部，中华人民共和国国家质量监督检验检疫总局. 自动喷水灭火系统设计规范：GB 50084—2017 [S]. 北京：中国计划出版社，2017.

[6] 中华人民共和国国家质量监督检验检疫总局，中国国家标准化管理委员会. 建筑通风和排烟系统用防火阀门：GB 15930—2007 [S]. 北京：中国标准出版社，2008.

[7] 中华人民共和国公安部消防局. 中国消防手册（第一卷）：总论·消防基础理论 [M]. 上海：上海科学技术出版社，2010.

[8] 中华人民共和国公安部消防局. 中国消防手册（第二卷）：消防管理 [M]. 上海：上海科学技术出版社，2006.

[9] 中华人民共和国公安部消防局. 中国消防手册（第三卷）：消防规划·公共消防设施·建筑防火设计 [M]. 上海：上海科学技术出版社，2006.

[10] 中华人民共和国公安部消防局. 中国消防手册（第五卷）：能源、交通、仓储、金融、信息、农林防火 [M]. 上海：上海科学技术出版社，2006.

[11] 中华人民共和国公安部消防局. 中国消防手册（第四卷）：生产加工防火 [M]. 上海：上海科学技术出版社，2006.

[12] 屈立军. 建筑防火 [M]. 北京：中国人民公安大学出版社，2006.
[13] 张树平. 建筑防火设计 [M]. 北京：中国建筑工业出版社，2001.
[14] 蔡芸. 建筑工程消防设计审核与验收实务 [M]. 北京：国防工业出版社，2012.
[15] 时守仁. 电业火灾与防火防爆 [M]. 北京：中国电力出版社，2000.
[16] 李新乐. 工程灾害与防灾减灾 [M]. 北京：中国建筑工业出版社，2012.
[17] 何天祺. 供暖通风与空气调节 [M]. 重庆：重庆大学出版社，2008.
[18] 刘秀玉. 化工安全 [M]. 北京：国防工业出版社，2013.